普通高等教育"十二五"规划教材（高职高专教育）

U0292110

电气综合实训指导书

主编　杨　洪　熊隽迪
编写　谭世海　余德均　陈开平
　　　唐继军　涂雪芹
主审　李　山

中国电力出版社
CHINA ELECTRIC POWER PRESS

内 容 提 要

本书为普通高等教育"十二五"规划教材（高职高专教育）。本书是根据高等职业技术教育的特点，按照电气专业相关课程的项目教学改革需要而编写的。全书包括六个项目：电气安全技术、常用电工工具及电工仪表的使用、低压电器的认识与维修、电气图的识读与设计、继电保护屏的安装、综合电气设备安装与调试。同时各项目都提出了考核要求，可让读者带着任务进行学习。

本书可作为高职高专院校相关课程教材，也可作为从事相关工作的工程技术人员的培训教材和参考书。

图书在版编目（CIP）数据

电气综合实训指导书/杨洪，熊隽迪主编. —北京：中国电力出版社，2014.6

普通高等教育"十二五"规划教材. 高职高专教育
ISBN 978 - 7 - 5123 - 5604 - 7

Ⅰ.①电…　Ⅱ.①杨…②熊…　Ⅲ.①电气设备—高等职业教育—教材　Ⅳ.①TM

中国版本图书馆 CIP 数据核字（2014）第 035518 号

中国电力出版社出版、发行
（北京市东城区北京站西街 19 号　100005　http://www.cepp.sgcc.com.cn）
汇鑫印务有限公司印刷
各地新华书店经售

＊

2014 年 6 月第一版　2014 年 6 月北京第一次印刷
787 毫米×1092 毫米　16 开本　10.75 印张　257 千字
定价 22.00 元

敬 告 读 者

本书封底贴有防伪标签，刮开涂层可查询真伪
本书如有印装质量问题，我社发行部负责退换

前　言

　　本书是根据高等职业技术教育的特点，按照电气专业相关课程的项目教学改革需要而编写的。以必需和实用为原则，以培养分析能力、设计能力、应用能力为目的，并力求简明扼要，内容实用，难易适中，能够结合生产实际。

　　全书包括六个项目：电气安全技术、常用电工工具及电工仪表的使用、低压电器的认识与维修、电气图的识读与设计、继电保护屏的安装、综合电气设备安装与调试，将内容分项目循序渐进地进行讲解，并对每一个项目提出了考核要求，让读者能带着任务进行学习。通过本书的学习，读者能了解屏柜的基本安装规范、调试方法，能看懂常见的设备安装图纸，会使用常用的工具对设备进行安装、调试及维修，并在整个工作中养成良好的工作习惯，具备基本的事故应急处理能力。本书可作为"二次接线实训"、"变配电安装实训"以及相关课程的教材。

　　全书由杨洪、熊隽迪主编，其中熊隽迪编写项目一，谭世海编写项目二，余德均编写项目三，陈开平编写项目四，唐继军编写项目五，涂雪芹、熊隽迪编写项目六。全书由杨洪统稿。重庆理工大学李山教授担任本书主审。

　　本书在编写过程中，查阅和参考了大量的相关资料和著作，限于篇幅，恕不一一列举，谨致谢意。限于编者水平，书中难免有疏漏和不妥之处，恳请读者给予批评和指正。

编　者

2014 年 5 月

目　录

项目一　电 气 安 全 技 术

在现代化工业、农业、国防等行业以及科学研究、实验和日常生活中都离不开电。用电，就必须注意人身安全和设备安全，否则可能会发生各种事故或故障。本项目将介绍常见电气安全用具的正确选择与使用，安全用电和电气消防知识，分析几种触电状况和预防触电的措施。

课题一　电气安全用具的正确选择与使用

电气安全用具是用来防止电气工作人员在工作中发生触电、电弧灼伤、高空摔跌等事故的重要用具。电气安全用具分绝缘安全用具和一般防护安全用具两大类。

绝缘安全用具包括验电器、绝缘杆、绝缘夹钳、绝缘手套、绝缘靴（鞋）、绝缘垫、绝缘站台等。其中绝缘杆、绝缘夹钳、验电器的绝缘强度能长期承受工作电压，并能在该电压等级内产生过电压时保证工作人员的人身安全，常称为基本安全用具。而绝缘手套、绝缘靴（鞋）、绝缘垫、绝缘站台等安全用具的绝缘强度不能承受电气设备或线路的工作电压，只能加强前面基本安全用具的保安作用，主要用来防止接触电压、跨步电压对工作人员的伤害，不能直接接触电气设备的带电部分，常称为辅助安全用具。

一般防护安全用具有携带型接地线、临时遮栏、标示牌、安全带、防护眼镜等。这些电气安全用具用于防止工作人员触电、电弧灼伤及高空摔跌，它们与上述绝缘安全用具不同之处在于它们本身是不绝缘物。

下面介绍几种常用的电气安全用具结构、使用方法及试验周期。

一、绝缘安全用具

（一）验电器

验电器是检验导线和电气设备是否带电的一种电工常用工具。验电器分为低压验电器和高压验电器两种。

1. 低压验电器

低压验电器又称测电笔，俗称电笔，有钢笔式和螺钉旋具式（又称旋凿式）两种。钢笔式低压验电器由氖管、电阻、弹簧、笔身和笔尖等组成，如图 1.1（a）所示。螺钉旋具式验电器的结构与钢笔式验电器基本相同，如图 1.1（b）所示。

图 1.1　低压验电器

（a）钢笔式验电器；（b）螺钉旋具式验电器

使用低压验电器时，必须采用图 1.2 所示的正确握法，以手触及笔尾的金属体，使氖管小窗背光朝向自己。

当用低压验电器测试带电体时，电流经带电体、低压验电器、人体及大地形成通电回路，只要带电体与大地之间的电位差超过 60V 时，低压验电器中的氖管就会发光。

低压验电器检测的电压范围为 60～500V。

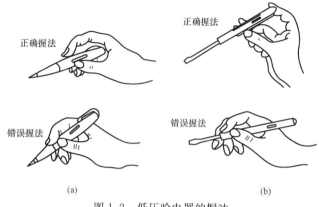

图 1.2　低压验电器的握法

（a）钢笔式验电器握法；（b）螺钉旋具式验电器握法

低压验电器的使用注意事项：

（1）使用前，必须在有电源处对验电器进行测试，证明该验电器确实良好后，方可使用。

（2）验电时，应使验电器逐渐靠近被测物体，直至氖管发亮，不可直接接触被测体。

（3）验电时，手指必须触及笔尾的金属体，否则带电体也会被误判为非带电体。

（4）验电时，要防止手指触及笔尖的金属部分，以免造成触电事故。

（5）试电笔应定期检验，用绝缘电阻表测试其绝缘电阻应小于 $1M\Omega$。

（6）螺钉旋具式验电器不能完全代替螺丝刀，不能过分用力，只能用它旋小一点的螺丝，否则容易造成损坏。

2. 高压验电器

高压验电器又称为高压测电器，主要类型有发光型高压验电器、声光型高压验电器。高压型验电器用于测量高压电气设备或线路上是否带有电压（包括感应电压）。高压验电器外形如图 1.3 所示。

高压型验电器的使用注意事项：

（1）使用前先必须确定高压验电器额定电压与被测电气设备的电压等级相适应，以免危及操作者人身安全或产生误判。

（2）验电时操作者应戴绝缘手套，手握护环以下部分，同时设专人监护。

图 1.3　高压验电器

（3）应先在有电电气设备上验证电器性能完好，然后再对被验电设备进行检测。操作中将验电器渐渐移向设备，在移近过程中若有发光或发声指示，则立即停止验电。高压验电器验电时握法如图 1.4 所示。

（4）高压验电器每 6 个月进行一次预防性试验，试验不合格者不准使用。

（二）绝缘杆

绝缘杆又称为绝缘棒、操作杆。其主要用途是用来断开或闭合高压隔离开关（刀闸）、跌落式熔断器，安装和拆除携带型接地线，以及进行带电测量和实验等工作。

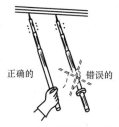

图1.4 高压验电器
验电时握法

绝缘杆结构如图1.5所示，它由工作部分、绝缘部分和握手部分三部分组成。工作部分用来完成操作功能，一般用金属材料制成，也可用玻璃钢等机械强度较高的绝缘材料制成。其长度在满足工作需要的情况下，应尽量缩短，一般在5～8cm，以避免由于过长而在操作时引起相间或接地短路。绝缘部分用来作为绝缘隔离，一般用电木、胶木、环氧玻璃棒或环氧玻璃布管制成。握手部分用来使用时手持，其制作材料与绝缘部分相同。绝缘部分与握手部分之间一般用绝缘护环隔开，绝缘护环的制作材料与绝缘部分的材料相同。

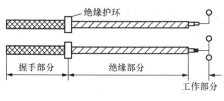

图1.5 绝缘杆结构

绝缘杆使用注意事项：

（1）绝缘杆必须具备与被操作设备相适应的足够的绝缘强度，并要有足够的机械强度，各部分连接应牢固。

（2）夏天在室外使用绝缘杆，为阻隔下流雨水和保持一定的干燥表面，应在绝缘杆上按规定要求设置防雨罩。

（3）绝缘杆只能在与其绝缘性能相适应的电气设备上使用。使用时操作人员手应放在握手部分，不能超过护环，同时要求戴绝缘手套，穿绝缘靴（鞋）。

（4）使用绝缘杆时，绝缘杆禁止装接电线。

（5）绝缘杆使用完后，应垂直悬挂在专用架上，以防杆弯曲。

（6）绝缘杆每年要进行一次绝缘试验，保证绝缘杆绝缘强度完好。绝缘杆各项性能必须符合现行技术标准规定的质量要求，超过检验合格期的严禁使用。

（三）绝缘夹钳

绝缘夹钳主要用于35kV及以下电压等级的电气设备上带电作业装拆熔断器等工作。其外形如图1.6所示。

绝缘夹钳主要由工作钳口、绝缘部分和握手部分组成。各部分所用材料与绝缘棒相同。绝缘夹钳的钳口必须要保证能夹紧熔断器。

使用绝缘夹钳的注意事项如下：

（1）使用绝缘夹钳进行高压带电作业人员须经过专门考核培训，有合格的操作证。

图1.6 绝缘夹钳外形图

（2）夹取熔断器时，操作人员的头部不可超过握手部分，并应戴防护眼镜、绝缘手套，穿绝缘靴（鞋）或站在绝缘台（垫）上。

（3）操作人员手握绝缘夹时，要保持平衡和精神集中。

（4）绝缘夹钳的定期试验周期为每年一次。不合格的绝缘夹钳严禁使用。

（四）绝缘手套

绝缘手套是用特种橡胶制成的，具有较高的绝缘强度。但它是辅助安全用具，不能接触电气设备带电部分，主要用来防止接触电压对工作人员的伤害。绝缘手套外形如图1.7（a）

所示。

图 1.7　绝缘手套、绝缘靴和绝缘鞋的外形图

(a) 绝缘手套；(b) 绝缘靴；(c) 绝缘鞋

绝缘手套使用时的注意事项：

（1）绝缘手套在使用前应检查有无漏气或裂口等缺陷。若发现绝缘手套粘胶破损或漏气，应停止使用。

（2）戴绝缘手套时，应将外衣袖口放入手套伸长部分，最好先戴上一双棉纱手套，夏天可防止因出汗导致的动作不方便，冬天可以保暖；操作时若出现弧光短路接地，可防止橡胶融化灼烫手指。

（3）绝缘手套使用后应擦净晾干，撒上一些滑石粉以免粘连，并应放在通风、阴凉的柜子里。不可放在过冷、过热、阳光暴晒或有酸碱油类的地方，以防胶质老化，降低绝缘性能。也不要与其他工具、用具放在一起，以防触碰损坏胶质。

（4）绝缘手套每半年进行一次电气试验，试验合格应有明显标志和试验日期。

（5）普通的医疗、化验用的手套不能代替绝缘手套。

（五）绝缘靴（鞋）

绝缘靴（鞋）外形如图 1.7（b）、(c) 所示。

绝缘靴（鞋）使用时的注意事项：

（1）当发现绝缘靴（鞋）底磨损露出黄色面胶（绝缘层）时，不宜再使用。

（2）绝缘靴（鞋）使用后要放在柜子内，并应与其他工具分开放置。

（3）绝缘靴（鞋）每半年进行一次电气试验，保证其安全可靠。试验合格者应有明显标志和试验日期，不合格者严禁继续使用。

（六）绝缘毯、绝缘垫和绝缘站台

绝缘垫（毯）由特种橡胶制成，表面有防滑纹，其厚度应不小于 5mm［见图 1.8（a）、(b)］。

绝缘垫（毯）一般铺设在高、低压开关柜前，作为固定的辅助安全用具，用以提高操作人员对地的绝缘，防止接触电压和跨步电压对人体的伤害。

绝缘垫（毯）在使用中，不可与酸、碱、油类和化学药品等接触，以免胶质老化脆裂或变黏，降低绝缘性能；也不可与热源直接接触，并应避免阳光直射，防止胶质迅速老化变质，降低绝缘性能。在使用中，还应注意不能被锐利的金属划破，要保证绝缘垫（毯）绝缘良好。绝缘垫（毯）每隔半年要用低温水清洗一次，保证清洁和绝缘良好。

绝缘垫应定期按相关标准进行检查试验，试验周期每年一次。

绝缘站台由干燥的木板或木条制成，站台四角用绝缘子做台脚，如图 1.8（c）所示。绝缘站台定期试验周期为 3 年。

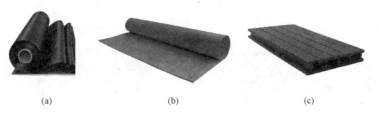

(a)　　　　　　　　(b)　　　　　　　　(c)

图1.8　绝缘垫、绝缘毯和绝缘站台的外形图

(a) 绝缘垫；(b) 绝缘毯；(c) 绝缘站台

二、一般防护安全用具

(一) 安全帽

参照 GB 2811—2007《工业上使用的安全帽》的定义，安全帽就是对人体头部受外力伤害起防护作用的帽子。安全帽由帽壳、帽衬、下颏带、后箍等组成，其外形如图1.9所示。

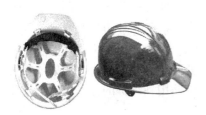

图1.9　安全帽外形图

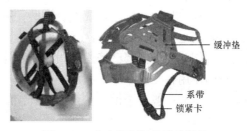

图1.10　安全帽帽衬外形及结构

安全帽的帽壳包括帽舌、帽檐、顶筋、透气孔、插座、拴衬带孔及下颏带挂座等。帽壳采用椭圆半球形薄壳结构，表面很光滑，这样可使物体坠落到帽壳时容易滑走。帽壳顶部设有增强顶筋，可以提高帽壳承受冲击的强度。

安全帽的帽衬是帽壳内部部件的总称，包括帽箍顶带、护带、托带、吸汗带、衬垫及拴绳等。帽衬对冲击力具有吸收作用，它是安全帽防护高空坠落物极其重要的部件。安全帽帽衬外形及结构如图1.10所示。

尽管人们在工作中离不开安全帽，但具体的使用方法却未必人人都能说得详细。不正确的使用和保管会导致安全帽在受到冲击时起不到防护作用，据有关部门统计，坠落物伤人事故中15%是因为安全帽使用不当造成的。

为了让安全帽更好地发挥保护作用，有必要对其使用要求进行更深入的了解。在帽壳材质上有低压聚乙烯、ABS（工程塑料）、玻璃钢以及橡胶材料、竹藤等各种不同材料制作而成。有的安全帽还具有附加功能，如防电报警安全帽、防噪声安全帽、电焊面罩安全帽等。目前大多数为玻璃钢安全帽，具有刚性强、耐高温、耐腐蚀的特点，适合于工程建设，特殊作业中使用。

使用安全帽时，首先要选择与自己头型适合的安全帽，佩带前要仔细检查合格证、使用说明书、使用期限，并调整帽衬尺寸，使其顶端与帽壳内顶之间必须保持20～50mm的空间。有了这个空间，才能形成一个能量吸收系统，使遭受的冲击力分布在头盖骨的整个面积上，减轻对头部的伤害。其次不能随意对安全帽进行拆卸或添加附件，以免影响其原有的防护性能，一定要将安全帽戴正、戴牢，不能晃动，要系紧下颚带，调节好后箍，以防安全帽脱落。安全帽的正确佩戴方法如图1.11所示。

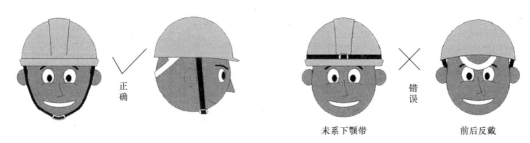

图 1.11　安全帽的正确佩戴方法

安全帽在使用过程中会逐渐损坏，要经常进行外观检查。如果发现帽壳与帽衬有异常损伤、裂痕等现象，或帽衬与帽壳内顶之间水平垂直间距达不到标准要求的，就不能再使用，而应当更换新的安全帽。安全帽不用时，需放置在干燥通风的地方，远离热源，不受日光的直射，这样才能确保在有效使用期内的防护功能不受影响。注意使用期限：玻璃钢安全帽一般不超过三年，到期的安全帽要进行检验，符合安全要求才能继续使用，否则必须更换。

此外，安全帽只要受过一次强力的撞击，就无法再次有效吸收外力，有时尽管外表上看不到任何损伤，但是内部已经遭到损伤，不能继续使用。

要正确使用各类安全帽，如果安全帽戴法不正确，就起不到充分的防护作用，特别是对防坠落物打击的一般安全帽，更要懂得其性能，注意正确使用和维护的方法。安全帽使用注意事项：

（1）帽壳必须完整无裂纹或损伤。

（2）帽衬组件（包括帽箍、顶衬、后箍、下颚带等）齐全、牢固。

（3）永久性标志清楚（包括制造厂名称及商标、型号，制造年、月，许可证编号等）。

（4）使用的安全帽必须是符合国家标准、质量合格，并由国家定点厂生产的产品。

安全帽使用前，应仔细检查帽壳、帽衬、顶衬、下颚带等附件完好无损。使用时应将下颚带系好，防止工作中前倾后仰或其他原因造成滑落。

安全帽应按规定进行试验，无试验合格标志及超过试验合格期的不准使用。

（二）携带型接地线

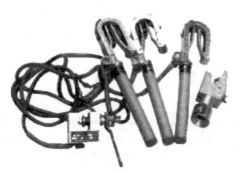

图 1.12　携带型接地线外形

携带型接地线外形如图 1.12 所示。它用来防止在停电检修设备或线路上工作时突然来电，造成人身触电事故的安全用具。装设接地线后，如果突然来电，就构成接地短路，低压断路器自动跳闸或熔断器熔丝熔断，切断电路，这样可避免发生人身触电事故。另外，装设接地线后可以消除工作地点邻近的感应电压，释放停电检修设备或线路上的剩余电荷。

携带型接地线装、拆的注意事项：

（1）装设接地线时要先将地线的接地端接好，然后接导体端。拆除接地线时顺序相反，即先拆导体端，后拆接地端。

（2）接地线与接地极的连接要牢固可靠，不允许用缠绕方式进行连接，禁止使用短路线或其他导线代替接地线。若设备处无接地网引出线时，可采用临时接地棒接地，接地棒在地面下的深度不得小于 0.6m。

（3）可能来电的线路都要装设接地线。接地线要用专门线夹（夹头）固定在导体上，严禁用缠绕的方法连接。

（4）为了确保操作人员的人身安全，装、拆接地线时，应戴绝缘手套，人体不得接触接地线或未接地的导体。

（5）严禁工作人员或其他人员移动已挂接好的接地线。

（6）接地线由 1 根接地段与 3 根或 4 根短路段组成。接地线必须采用多股软裸铜线，每根铜线的截面积不得小于 $25mm^2$。严禁使用其他导线作接地线。

（7）携带型接地线要统一编号，存放在固定的地方。存放处也要编号，对号存放，使用时要做好记录，交接班时要交接清楚。接地线有损伤时，应及时修补或更换。

（8）携带型接地线在使用前，应紧固各连接部件紧密可靠。

（三）遮栏

低压电气设备部分停电检修时，为防止检修人员走错位置，误入带电间隔及过分接近带电部分，一般采用遮栏进行防护，如图 1.13 所示。此外，遮栏也用作检修安全距离不够时的安全隔离装置。遮栏必须安置牢固，所在位置不能影响其他工作，遮栏与带电设备的距离不小于规定的安全距离。在室外进行高压设备部分停电工作时，用线网或绳子拉成的临时遮栏，一般可在停电设备的周围插上铁棍，将线网或绳子挂在铁棍或特设的架子上。这种遮栏要求对地距离不小于 1m。

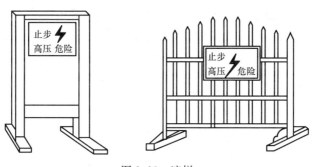

图 1.13　遮栏

（四）安全标示牌

安全标示牌的用途是警告工作人员不得接近设备的带电部分，提醒工作人员在工作地点采取安全措施，以及表明禁止向某设备合闸送电等。

低压作业时应悬挂的标示牌有三种，如图 1.14 所示。

图 1.14　标示牌

应悬挂标示牌和装设遮栏的部位和地点如下。

（1）在下列断路器、隔离开关的操作手柄上应悬挂"禁止合闸，有人工作！"的标示牌：

1）一经合闸即可送电到工作地点的断路器、隔离开关；

2）已停用的设备，一经合闸即可启动并造成人身触电危险、设备损坏，或引起总剩余电流动作保护器动作的断路器、隔离开关；

3）一经合闸会使两个电源系统并列，或引起反送电的断路器、隔离开关。

（2）在以下地点应挂"止步，有电危险！"的标示牌：

1）运行设备周围的固定遮栏上；

2）施工地段附近带电设备的遮栏上；

3）因电气施工禁止通过的过道遮栏上；

4）低压设备做耐压试验的周围遮栏上。

（3）在以下邻近带电线路设备的场所，应挂"禁止攀登，有电危险！"的标示牌：

1）工作人员或其他人员可能误登的电杆或配电变压器的台架；

2）距离线路或变压器较近，有可能误攀登的建筑物。

（4）装设的临时木（竹）遮栏，距低压带电部分的距离应不小于 0.2m，户外安装的遮栏高度应不低于 1.5m，户内应不低于 1.2m。临时装设的遮栏应牢固、可靠，严禁工作人员和其他人员随意移动遮栏或取下标示牌。

图 1.15　护目镜外形图

（五）护目镜

所谓护目镜就是一种滤光镜，可以改变透过光强和光谱，避免辐射光对眼睛造成伤害。这种眼镜可以吸收某些波长的光线，而让其他波长光线透过，所以都呈现一定的颜色，所呈现颜色为透过光颜色。其外形如图 1.15 所示。

（六）安全带和安全腰绳

在离地面 2m 及以上的地点进行的作业称为高空作业。电工进行登高作业时，登高工具必须牢固可靠，未经现场训练的或患有不宜登高作业疾病的人员不能使用登高工具。

安全带和安全腰绳是高空作业时防止发生高空摔跌的重要安全用具，安全带和安全腰绳都必须有足够的、符合安全规程规定的机械强度，电工安全带外形如图 1.16 所示。

安全带和安全腰绳在使用前，必须仔细检查，如有破损、变质情况，应禁止使用。

安全带和安全腰绳在使用时，必须注意系挂位置。高空作业时安全带应系挂在电杆及牢固的构件

图 1.16　电工安全带外形图

上，或专为系挂安全带用的钢架或钢丝绳上，并不得低挂高用，应防止安全带从杆顶脱出或被锋利物伤害。禁止系挂在移动或不牢靠的物件上，系安全带后必须检查扣环是否扣牢。

安全带和安全腰绳在使用和日常保管、保养中应注意：

（1）不宜接触 120℃ 以上的高温、明火、酸类物质及有锐角的坚硬物体；

（2）脏污后，可侵入低温水中用肥皂轻擦漂洗干净，然后晾干；

（3）不能用温度高的热水清洗或放在日光下暴晒、火烤；

（4）使用后应存放在干燥、清洁的工具架上或吊挂，不得接触潮湿的墙或放在潮湿的地

面上。

安全带和安全腰绳应按规定每年进行定期试验，其中牛皮带试验周期为半年，每月进行一次外观检查；无试验合格标志及超过试验合格期的不准使用。

（七）梯子

图 1.17　梯子
（a）人字梯；（b）直梯

电工常用的梯子有直梯和人字梯两种，如图 1.17 所示。直梯的两脚应各绑扎胶皮之类的防滑材料。人字梯应在中间绑扎一根绳子防止自动滑开。工作人员在直梯上作业时，必须蹲在距梯顶不少于 1m 的梯蹬上工作，且用脚勾住梯子的横档，确保站立稳当，直梯靠在墙上工作时，其与地面的斜角度以 60°左右为宜。人字梯也应注意与地面的夹角，适宜的角度范围同直梯，即人字梯与地面张开的距离应等于直梯与墙间距离范围的两倍，人字梯放好后，要检查四只脚是否都稳定着地，而且也应避免站在人字梯最上面一档工作，站在人字梯单面工作时，也要用脚勾住梯子的横档。

梯子使用时的注意事项：

（1）使用前，检查梯子应牢固、无损坏，人字梯顶部铁件螺栓连接紧固良好，限制张开的拉链应牢固。

（2）梯子放置应牢靠、平稳不得架在不牢靠的支撑物和墙上。

（3）梯子根部应做好防滑措施。

（4）使用梯子时，梯子与地面的夹角应符合要求。

（5）工作人员在梯子上部作业，应设有专人扶梯和监护，同一梯子上不得有两人同时工作，不得带人移动梯子。

（6）搬移梯子时应与电气设备保持安全距离。

（7）梯子如需接长使用，应绑扎牢固，在通道处使用梯子，应有监护或设置围栏。

（8）使用竹（木）梯应定期检查、试验，其试验周期为半年一次，每月进行一次外表检查。

课题二　触 电 急 救

人触电后，往往会出现神经麻痹、呼吸中断、心脏停止跳动等症状，呈昏迷不醒的状态。触电死亡者一般有以下特征：①心跳、呼吸停止；②瞳孔放大；③血管硬化；④身上出现尸斑；⑤尸僵。如果上述特征中有一个尚未出现，都应视为假死，这时必须迅速进行现场救护。只要救护方法得当，多数触电者可以"起死回生"，有的触电者经过数小时救护才脱离危险。因此，电气工作人员和其他有关人员必须熟练掌握触电急救的方法。

一、解脱电源

1. 迅速解脱低压电源

触电急救首先要使触电者迅速脱离电源。如果触电者是低压带电设备触电，救护人员应迅速设法将触电人员脱离电源，方法有：

（1）迅速设法切断电源，如拉开电源断路器或闸刀，拔除电源插头等。

（2）使用绝缘工具、干燥的木棒、木板、绳索等不导电物体使触电者与电源脱离。

（3）救护者也可抓住触电者干燥或不贴身的衣服，将触电者拖离电源（切记要防止碰到金属物体和触电者的裸露身躯）。

（4）也可戴绝缘手套或用干燥衣物等将手包起来绝缘后解脱触电者，救护人员也可站在绝缘垫上或干木板上进行救护。

（5）解脱触电者，救护人员最好用一只手进行。如果电流通过触电者入地，并且触电者手紧握电线，救护人员可设法用干木板塞到触电者身下，使其与地绝缘来隔断电源，然后再采取其他办法切断电源。

（6）可用木把手斧子或有绝缘柄的钳子将电源线剪断。剪断电线时要分相，一根一根分开距离剪断，并尽可能站在绝缘物体上剪。

迅速脱离低压电源的一些方法如图 1.18 所示。

(a)

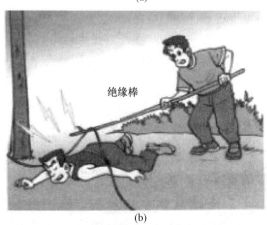

绝缘棒

(b)

图 1.18　迅速脱离低压电源的方法

(a) 切断电源；(b) 挑开电源线

2. 迅速解脱高压电源

高压电源电压高，一般绝缘物对救护人员不能保证安全，而且往往电源的高压断路器（高压开关）距离较远，不易切断电源，发生触电时应采取下列措施：

（1）立即通知有关部门停电。

（2）戴好绝缘手套、穿好绝缘靴，拉开高压断路器或用相应电压等级的绝缘工具拉开跌落式熔断器，切断电源。救护人员在操作时应注意保持自身与周围带电部分足够的安全距离。

（3）当有人在架空线路上触电时，救护人应尽快用电话通知当地电力部门迅速停电，以备抢救；如触电发生在高压架空线杆塔上，又不能迅速联系就近变电站（所）停电时，救护者可采取应急措施，即采用抛掷足够截面、适当长度的裸金属软导线，使电源线路短路，造成保护装置动作，从而使电源断路器跳闸。

（4）如果触电者触及断落在地上的带电高压导线，在尚未确认线路无电且救护人员未采取安全措施（如穿绝缘靴等）前，不能接近断线点 8～10m 范围内，以防跨步电压伤人。

3. 抢救触电者脱离电源的注意事项

（1）救护人员不得采用金属和其他潮湿的物品作为救护工具。

（2）未采取任何绝缘措施，救护人员不得直接触及触电者的皮肤或潮湿衣服。

（3）在使触电者脱离电源的过程中，救护人员最好用一只手操作，以防自身触电。

（4）当触电者站立或位于高处时，应采取措施防止触电者脱离电源后摔跌。

（5）夜晚发生触电事故时，应考虑切断电源后的临时照明，以利救护。

二、现场急救

触电者脱离电源后，应迅速正确判定其触电程度，有针对性地实施现场紧急救护。

1. 触电者伤情判定

（1）触电者如神态清醒，只是心慌、四肢发麻、全身无力，但没有失去知觉，则应使其就地平躺，严密观察，暂时不要站立或走动。

（2）触电者神志不清、失去知觉，但呼吸和心跳尚正常，应使其舒适平卧，保持空气流通，同时立即请医生或送医院诊治。随时观察，若发现触电者出现呼吸困难或心跳失常，则应速用心肺复苏法进行人工呼吸或胸外心脏按压。

（3）如果触电者失去知觉，心跳呼吸停止，则应判定触电者是假死症状。触电者若无致命外伤，没有得到专业医务人员证实，不能判定触电者死亡，应立即对其进行心肺复苏。

对触电者应在 10s 内用看、听、试的方法，判定其呼吸、心跳情况，如图 1.19 所示。

看——看触电者的胸部、腹部有无起伏动作。

听——用耳贴近触电者的口鼻处，听有无呼吸的声音。

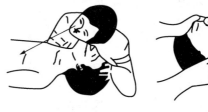

图 1.19　触电者伤情的判定的看、听、试

试——试测口鼻有无呼气的气流；再用两手指轻试一侧（左或右）喉结旁凹陷处的颈动脉，试有无搏动。

若看、听、试的结果既无呼吸又无动脉搏动，可判定呼吸、心跳停止。

2. 心肺复苏法

触电者呼吸和心跳均停止时，<u>应立</u>即按心肺复苏法的三项基本措施，正确地进行就地抢救。

（1）畅通气道。触电者呼吸停止，抢救时重要的一个环节是始终确保气道畅通。如发现其口内有异物，可将其身体及头部同时侧转，迅速用一根手指或用两根手指交叉从口角处插入，取出异物，操作中要防止将异物推到咽喉深部，如图1.20所示。

通畅气道可以采用仰头抬颏法，如图1.21所示。用一只手放在触电者前额，另一只手的手指将其下颏骨向上抬起，两手协同将头部推向后仰，舌根随之抬起。严禁用枕头或其他物品垫在触电者头下，头部抬高前倾，会更加重气道阻塞，且使胸外按压时流向脑部的血流减少，甚至消失。

图1.20　清除口中异物

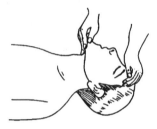
图1.21　仰头抬颏法畅通呼吸示意图

（2）口对口（鼻）人工呼吸。在保持触电者气道通畅的同时，救护人员在触电者头部的右边或左边，用一只手捏住触电者的鼻翼，深吸气，与伤员口对口紧合，在不漏气的情况下，连续大口吹气两次，每次1～1.5s，如图1.22所示。如两次吹气后试测颈动脉仍无搏动，可判断心跳已经停止，要立即同时进行胸外按压。

图1.22　口对口（鼻）人工呼吸

除开始大口吹气两次外，正常口对口（鼻）人工呼吸的吹气量不需过大，但要使触电者胸部膨胀，每5s吹一次（吹2s，放松3s）。对触电的小孩，只能小口吹气。

救护人换气时，放松触电者的嘴和鼻，使其自动呼气，吹气时如有较大阻力，可能是头部后仰不够，应及时纠正。

触电者如牙关紧闭，可口对鼻人工呼吸。口对鼻人工呼吸时，要将伤员嘴唇紧闭，防止漏气。

（3）胸外按压。人工胸外按压法，其原理是用人工机械方法按压心脏，代替心脏跳动，以达到血液循环的目的。凡触电者心脏停止跳动或不规则的颤动可立即用此法急救。

要确定正确的按压位置，这是保证胸外按压效果的重要前提。确定正确按压位置的步骤：

1）右手的食指和中指沿触电者的右侧肋弓下缘向上，找到肋骨和胸骨接合点的中点；

2）两手指并齐，中指放在切迹中点（剑突底部），食指放在胸骨下部；

3）左手的掌根紧挨食指上缘，置于胸骨上，即为正确按压位置，如图1.23所示。

另外，正确的按压姿势是达到胸外按压效果的基本保证。

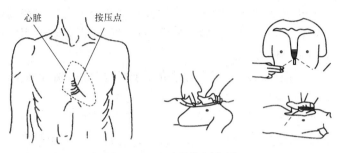

图 1.23 正确的按压位置

1）如图 1.24 所示，使触电者仰面躺在平硬的地方，救护人员跪在伤员右侧肩旁，救护人员的两肩位于伤员胸骨正上方，两臂伸直，肘关节固定不屈，两手掌根相叠，手指翘起，不接触触电者胸壁。

2）以髋关节为支点，利用上身的重力，垂直向下按压，对成年人按压深度为 4～5cm（儿童和瘦弱者酌减）。

3）压至要求程度后，立即全部放松，但放松时救护人员的手掌根部不得离开胸壁。

图 1.24 胸外按压法姿势

按压必须有效，有效的标志是按压过程中可以触及颈动脉搏动。操作频率如下：

1）胸外按压要以均匀速度进行，按压频率应保持在 100 次/min，每次按压和放松的时间相等。

2）胸外按压与口对口（鼻）人工呼吸同时进行，其节奏为：单人抢救时，每按压 30 次后吹气 2 次，反复进行；双人抢救时，每按压 30 次后由另一人吹气 2 次，反复进行。

3. 抢救过程中再判定

（1）胸外按压和口对口（鼻）人工呼吸 2min 后，应再用看、听、试的方法在 5～10s 内完成对触电者呼吸及心跳是否恢复进行判定。

（2）若判定颈动脉已有搏动但无呼吸，则暂停胸外按压，再进行 2 次口对口（鼻）人工呼吸，接着每 5s 吹气一次。如果脉搏和呼吸均未恢复，则继续坚持心肺复苏法抢救。

（3）在抢救过程，要每隔数分钟再判断一次，每次判断时间均不得超过 5～10s。在医务人员未接替抢救前，现场抢救人员不得放弃现场抢救。

4. 现场急救注意事项

（1）现场急救贵在坚持。

（2）心肺复苏应在现场就地进行。

（3）现场触电急救，对采用肾上腺素等药物应持慎重态度，如果没有必要的诊断设备条件和足够的把握，不得乱用。

（4）对触电过程中的外伤，特别是致命外伤（如动脉出血等）也要采取有效的方法处理。

5. 抢救过程中触电者移动与转院

（1）心肺复苏应在现场就地坚持进行，不要为方便而随意移动触电者，如确需要移动时，抢救中断时间不应超过 30s。

（2）移动触电者或将触电者送医院时，应使其平躺在担架上，并在其背部垫以平硬宽木板。在移动或送医院过程中，应继续抢救。心跳、呼吸停止者要继续用心肺复苏法抢救，在医务人员未接替救治前不能中止。

（3）应创造条件，用塑料袋装入碎冰屑做成帽子状包绕在触电者头部，露出眼睛，使脑部温度降低，争取心、肺、脑完全复苏。

6. 触电者好转后的处理

如果触电者的心跳和呼吸经抢救后均已恢复，则可暂停心肺复苏法操作，但心跳、呼吸恢复的早期有可能再次骤停，应严密监护，不能麻痹，要随时准备再次抢救。

初期恢复后，触电者可能神志不清或精神恍惚、躁动，应设法使其安静。

三、杆上或高处触电急救

1. 急救原则

（1）发现杆上或高处有人触电，应争取时间及早在杆上或高处开始进行抢救。救护人员登高时，应随身携带必要的工具和绝缘工具以及牢固的绳索等，并紧急呼救。

（2）及时采取停电措施。

（3）立即抢救。救护人员在确认触电者已与电源隔离，且救护人员本身所涉环境安全距离内无危险电源时，方能接触触电伤员进行抢救，并应注意防止发生高空坠落的可能性。

（4）救护人员应戴安全帽，穿绝缘鞋，戴绝缘手套，做好自身防护。

2. 高处抢救

（1）随身带好营救工具迅速登杆。营救的最佳位置是高出受伤者 20cm，并面向触电者，固定好安全带后，再开始营救。

（2）触电者脱离电源后，应将触电者扶卧在自己的安全带上，并注意保持伤员气道通畅。

（3）将触电者扶到安全带上，进行意识、呼吸、脉搏判断。救护人员迅速判定触电者反应、呼吸和循环情况，如有知觉可放到地面进行护理；如无呼吸、心跳，应立即进行人工呼吸或胸外按压法急救。

（4）如触电者呼吸停止，立即进行口对口（鼻）吹气 2 次，再触摸颈动脉，如有搏动，则每 5s 继续吹气一次；如颈动脉无搏动时，可用空心拳头叩击心前区 2 次，促使心脏复跳。

（5）高处发生触电，为使抢救更为有效，应及早设法将伤员送至地面。

（6）在将触电者由高处送至地面前，再口对口（鼻）吹气 4 次。

（7）触电者送至地面后，就立即继续按心肺复苏法坚持抢救。

3. 高处下放触电者

高处下放触电者的方法如图 1.25 所示。

（1）下放触电者时先用直径为 3cm 的绳子在横担上绑好，固定绳子要绕 2～3 圈，将绳子另一端在伤员腋下绕一圈，系 3 个半靠结，绳头塞进伤员腋旁的圈内并压紧，绳子选用的长度为杆高 1.2～1.5 倍。

（2）杆上人员握住绳子的一端顺着不放，放绳的速度要缓慢，到地面时避免撞伤触电者。

（3）杆上杆下救护人员要相互配合，动作要协调一致。

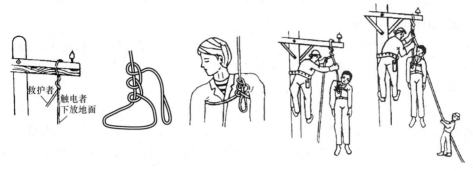

图 1.25　杆上营救

4. 外伤处理

对于电伤和摔跌造成的人体局部外伤，在现场救护中也不能忽视，必须做适当处理，防止细菌侵入感染，防止摔跌骨折刺破皮肤及周围组织、刺破神经和血管，避免引起损伤扩大。

（1）一般性的外伤表面，可用无菌盐水或清洁的温开水冲洗后，用消毒纱布、防腐绷带或干净的布片包扎，然后送医院治疗。

（2）伤口出血严重时，应采用压迫止血法止血，然后迅速送医院治疗。如果伤口出血不严重，可用消毒纱布叠几层盖住伤口，压紧止血。

（3）高压触电时，可能会造成大面积严重的电弧灼伤，往往深达骨骼，处理起来很复杂，现场可用无菌生理盐水或清洁的温开水冲洗，再用酒精全面消毒，然后用消毒被单或干净的布片包裹送医院治疗。

（4）对于因触电摔跌而四肢骨折的触电者，应首先止血、包扎，然后用木板、竹竿、木棍等物品临时将骨折肢体固定，然后立即送医院治疗。

课题三　电气火灾扑灭及预防

电气火灾和爆炸事故是指由电气原因引起的火灾和爆炸，在火灾和爆炸事故中占有很大比例。电气火灾和爆炸事故除可能造成人身伤亡、设备损坏、财产损失外，还可能造成电力系统事故，引起大面积停电或长时间停电。

电气火灾有以下两个特点：一是着火后电气设备可能仍然带电，而且因电气绝缘损坏或带电导线断落接地，在一定范围内会存在跨步电压和接触电压，如果不注意可能引起触电事故；二是有些电气设备内部油箱充有大量油（如电力变压器、电压互感器等），着火后受热，油箱内部压力增大，可能会发生喷油，甚至爆炸，造成火势蔓延。电气火灾的危害很大，因此要坚决贯彻"预防为主"的方针。在发生电气火灾时，必须迅速采取正确有效的措施，及时扑灭电气火灾。

一、电气火灾扑救

（一）断电灭火

当电气设备发生火灾或引燃附近可燃物时，先要切断电源。室外高压线路或杆上配电变压器起火时，应立即与电力部门联系断开电源；室内电气设备发生火灾时应尽快断开开关，切断电源，并及时正确选用灭火器进行扑救。

断电灭火时应注意下列注意事项：

（1）断电时，应按规程所规定的程序进行操作，严防带负荷拉隔离开关（刀闸）。由于烟熏火烤，在火场内的断路器和闸刀，其绝缘可能降低或损坏，因此，操作时应戴绝缘手套、穿绝缘靴，并使用相应电压等级的绝缘工具。

（2）紧急切断电源时，切断地点选择适当，防止切断电源后影响扑救工作的进行。切断带电线路导线时，切断点应选择在电源侧的支持物附近，以防导线断落后触及人身、短路或引起跨步电压触电。切断低压导线时应分相并在不同部位剪断，剪的时候应使用有绝缘手柄的电工钳。

（3）夜间发生电气火灾，切断电源时应考虑临时照明，以利扑救。

（4）需要电力部门切断电源时，应迅速用电话联系，说清情况。

（二）带电灭火

发生电气火灾时应先考虑断电灭火，因为断电后火势可减小，扑救时比较安全。但有时在危急情况下，如果等切断电源后再进行扑救会延误时机，使火势蔓延，扩大燃烧面积，或者断电会严重影响生产，这时就必须在确保灭火人员安全的情况下，进行带电灭火。带电灭火一般限在 10kV 以下电气设备上进行。

带电灭火很重要的一条就是正确选用灭火器材，绝对不准使用泡沫剂对有电的设备进行灭火，如二氧化碳、四氯化碳和化学干粉等灭火剂。

带电灭火时，为防止发生人身触电事故，必须注意以下几点：

（1）扑救人员及所使用的灭火器材与带电部分必须保持足够的安全距离，并应戴绝缘手套；

（2）不准使用导电灭火剂（如泡沫灭火剂、喷射水流等）对有电设备进行灭火；

（3）使用水枪带电灭火时，扑救人员应穿绝缘靴、戴绝缘手套并应将水枪金属喷嘴接地；

（4）在灭火中电气设备发生故障，如电线断落在地上，局部地区会形成跨步电压，在这种情况下，扑救人员必须穿绝缘靴（鞋）；

（5）扑救架空线路的火灾时，人体与带电导线之间的仰角不应大于 45° 并应站在线路外侧，以防导线断落触及人体发生触电事故。

（三）充油电气设备火灾扑救

（1）充油电气设备容器外部着火时，可以用二氧化碳、干粉、四氯化碳等灭火剂带电灭火。灭火时要保持一定安全距离。用四氯化碳灭火时，灭火人员应站在上风方向，以防灭火时中毒。

（2）如果充油电气设备容器内部着火，应立即切断电源，有事故储油池设备的应立即设法将油放入事故储油池，并用喷雾水灭火，不得已时也可用砂子、泥土灭火；但当盛油桶着火时，则应用浸湿的棉被盖在桶上，使火熄灭，不得用黄砂抛入桶内，以免燃油溢出，使火焰蔓延。对流散在地上的油火，可用泡沫灭火器扑灭。

（四）旋转电机火灾扑灭

发电机、电动机等旋转电机着火时，不能用沙子、干粉、泥土灭火，以免矿物性物质、沙子等物质落入设备内部，严重损伤电机绝缘，造成严重后果，可使二氧化碳等灭火器灭火。另外，为防止轴和轴承变形，灭火时可使电机慢慢转动，然后用水喷雾灭火，使其均匀冷却。

（五）电缆火灾扑救

电缆燃烧时会产生有毒气体，如氯化氢、一氧化碳、二氧化碳等。据相关资料介绍，当氯化氢浓度高于0.1％、一氧化碳浓度高于1.3％或二氧化碳浓度高于10％时，人体吸入这些气体会导致昏迷或死亡。所以电缆火灾扑救时需特别注意防护。

扑救电缆火灾时注意事项如下：

（1）电缆起火应迅速报警，并尽快将着火电缆退出运行。

（2）火灾扑救前，必须先切断着火电缆及相邻电缆的电源。

（3）扑灭电缆燃烧，可使用干粉、二氧化碳、"1211"、"1301"等灭火剂，也可用黄土、沙子或防火包进行覆盖。火势较大时可使用水喷雾扑灭。装有防火门的隧道，应将灭火段两端的防火门关闭。有时还可采用向着火隧道、沟道灌水的方法，用水将着火段封住。

（4）进入电缆夹层、隧道、沟道内的灭火人员应佩戴正压式空气呼吸器，以防中毒和窒息。在不能肯定被扑救电缆是否全部停电时，扑救人员应穿绝缘靴、戴绝缘手套。扑救过程中，禁止用手直接接触电缆外皮。

（5）在救火过程中需注意防止发生触电、中毒、倒塌、坠落及爆炸等伤害事故。

（6）专业消防人员进入现场救火时，需向他们交待清楚带电部位、高温部位及高压设备等危险部位情况。

（六）常用电气设备灭火器的使用和保养

1. 四氯化碳灭火器

（1）使用方法。将喷嘴对准着火物，拧开梅花手轮即可喷射。使用时操作人员要站在上风位置。如着火现场空气不流通，需用毛巾捂住口鼻或戴防毒面具。

（2）保养方法。定期检查灭火筒、阀门、喷嘴有无损坏、漏气等现象。灭火器气压需保持在 $5.5\sim7kg/cm^2$。灭火器内药液减少时需补充。灭火器不可放在高温处。

2. 二氧化碳灭火器

（1）使用方法。一手拿喷筒对准着火物，一手拧开梅花轮（手轮式）或一手握紧鸭舌（鸭嘴式），气体即可喷出。使用时应注意现场风向，逆风使用时效能低。

二氧化碳灭火器一般用在600V以下电气设备灭火。电压高于600V的电气设备灭火时需停电灭火。

二氧化碳灭火器可用于珍贵仪器设备灭火，而且可扑灭油类火灾，但不用于钾、钠等化学产品的火灾扑救。注意使用二氧化碳灭火器时不可用手摸金属枪，不可把喷筒对人。

（2）保养方法。二氧化碳灭火器怕高温，存放地点温度不可超过42℃，也不可存放在潮湿地点。每3个月要查一次二氧化碳碳量，减轻质量不可超过额定总质量的10％。

3. 干粉灭火器

（1）使用方法。将手提式灭火器拿到距火区3～4m处，拔去保险销，将喷嘴对准火焰根部，手握导杆提环，压下顶针，即喷出干粉，并可从近至远反复横扫。

（2）保养方法。保持干燥、密封，避免暴晒，半年检查一次干粉是否结块每3个月检查一次二氧化碳重量，总有效期一般为4～5年。

4．"1211"灭火器（二氟—氯—溴甲烷灭火器）

（1）使用方法。使用手提式"1211"灭火器需先拔掉红色保险圈，然后压下把手，灭火剂就能立即喷出。使用推车式灭火器，需取出喷管，伸展胶管，然后逆时针转动钢瓶手轮，即可喷射。

（2）保养方法。手提式灭火器应定期检查，减轻的质量不可超过额定总质量的10％。推车式灭火要定期检查氮气压力，低于15kg/cm² 时应充氮。

二、电气火灾预防

（一）电力变压器火灾预防

电力变压器大多为油浸自然冷却式。变压器油闪点（起燃点）一般为140℃左右，并易蒸发和燃烧，与空气混合能构成爆炸性混合物。变压器油中如有杂质，则会降低油的绝缘性能而引起绝缘击穿，在油中发生火花和电弧，引起火灾甚至爆炸事故。因此对变压器油有严格要求，油质应透明纯净，不得含有水分、灰尘、氢气、烃类气体等杂质。对于干式变压器，如果散热不好，就很容易发生火灾。

1．油浸式变压器发生火灾危险主要原因

（1）变压器线圈绝缘损坏发生短路。

（2）接触不良。

（3）铁芯过热。

（4）油中电弧闪络。

（5）外部线路短路。

2．预防措施

（1）保证油箱上防爆管完好。

（2）保证变压器装设的保护装置正确、可靠。

（3）变压器的设计安装必须符合相关规程、规范。例如变压器室应按一级防火考虑，并有良好通风；变压器应有蓄油坑、储油池；相邻变压器之间需装设隔火墙时，一定要装设等。变压器施工安装应严格按规程、规范和设计图纸进行精心安装，保证质量。

（4）加强变压器的运行管理和检修工作。

（5）装设固定式灭火装置及其他自动灭火装置。对于干式变压器，通风冷却极为重要，一定要保证干式变压器运行中不能过热，必要时可采取人为降温措施降低干式变压器工作环境温度。

（二）电动机火灾预防

1．电动机发生火灾原因

（1）电动机在运行中，由于绕组发热、机械损伤、通风不良等原因烤焦或损坏绝缘，使电动机发生短路引起燃烧。

（2）电动机因带动负载过大或电源电压降低使电动机转矩减小引起过负荷；电动机运行中电源缺相（一相断线）造成电动机转速降低，而在其余两相中发生严重过负荷等。电动机长时间过负荷会使绝缘老化加速，甚至损坏燃烧。

（3）电动机定子绕组发生相间短路、匝间短路、单相接地短路等故障，使绕组中电流激增，引起过热而使绝缘层燃烧。在绝缘损坏处还可能发生对外壳放电而产生电弧和火花，引起绝缘层起火。

（4）电动机轴承内的润滑油量不足或润滑油太脏，会卡住转子使电动机过热，引起绝缘层燃烧。

（5）电动机拖动的生产机械被卡住，使电动机严重过电流，使绕组过热而引起火灾。

（6）电动机接线端子处接触不好，接触电阻过大，在运行中产生高温和火花，引起绝缘或附近的可燃物燃烧。

（7）电动机维修不良，通风槽被粉尘或纤维堵塞，热量散不出去，造成绕组过热起火。

2. 预防措施

（1）选择、安装电动机要符合防火安全要求。在潮湿、多粉尘场所应选用封闭型电动机，在干燥清洁场所可选用防护型电动机，在易燃、易爆场所应选用防爆型电动机。

（2）电动机应安装在耐火材料的基础上。如安装在可燃物的基础上时，应铺铁板等非燃烧材料将电动机与可燃基础隔开；电动机不能装在可燃结构内；电动机与可燃物应保持一定距离，周围不得堆放杂物。

（3）每台电动机要有独立的操作开关和短路保护、过负荷保护装置。对于容量较大的电动机，可装设缺相保护或装设指示灯监视电源，防止电动机缺相运行。

（4）电动机应经常检查维护，及时清扫，保持清洁；对润滑油要做好监视并及时补充和更换；要保证电刷完整、压力适宜、接触良好；对电动机运行温度要加强控制，使其不超过规定值。

（5）电动机使用完毕应立即拉开电动机电源开关，确保电动机和人身安全。

（三）电缆火灾事故预防

1. 电缆火灾原因

（1）电缆本身故障引发火灾。

（2）电缆外部火灾引燃电缆。

2. 电缆火灾预防

（1）保证施工质量，特别是电缆头制作质量一定要严格符合相关规定要求。

（2）加强对电缆的运行监视，避免电缆过负荷运行。

（3）定期进行电缆测试，发现不正常情况及时处理。

（4）电缆沟、电缆隧道要保持干燥，防止电缆浸水，造成绝缘水平下降，引起短路。

（5）加强电缆回路开关及保护装置的定期校验和维护，保证动作可靠。

（6）电缆敷设时要保持与热力管道足够距离。一般控制电缆与热力管道距离不小于0.5m，动力电缆不小于1m。控制电缆与动力电缆应分槽、分层并分开布置，不能层间重叠放置。对不能满足规定要求的部位，电缆应采取阻燃、隔热措施。

（7）定期清扫电缆上所积煤粉，防止煤粉自燃而引起电缆着火。

（8）安装火灾报警装置，及时发现火情，防止电缆着火。

（9）采取防火阻燃措施。电缆的防火阻燃措施如下：

1）将电缆用绝热耐燃物封包起来，当电缆外部着火时，封包体内的电缆被绝热耐燃物隔离而免遭烧毁。如果电缆自身着火，因封包体内缺少氧气而使火自灭，并避免火势蔓延到封包外。

2）将电缆穿过墙壁、竖井的孔洞用耐火材料封堵严密，防止电缆着火时高温烟气扩散蔓延造成火灾面扩大。

3）在电缆表面涂刷防火涂料。

4）用防火包带将电缆需防燃的部位缠包。

5）在电缆层间设置耐热隔火板，防止电缆层间窜燃，扩大火情。

6）在电缆通道设置分段隔墙和防火门，防止电缆窜燃，扩大火情。

（10）配备必要的灭火器材和设施。架空电缆着火可用常用的灭火器材进行扑救，但在电缆夹层、竖井、沟道及隧道等处宜装设自动或远控灭火装置。

（四）室内电气线路火灾预防

1. 电气线路短路引起的火灾预防

（1）线路安装好后要认真严格检查线路敷设质量；测量线路相间绝缘电阻及相对地绝缘电阻（用 500V 绝缘电阻表测量，绝缘电阻不能小于 $0.5M\Omega$）；检查导线及电气器具产品质量，都应符合国家现行技术标准和要求。

（2）定期检查测量线路的绝缘状况，及时发现缺陷进行修理或更换。

（3）线路中保护设备（熔断器、低压断路器等）要选择正确，动作可靠。

2. 电气线路导线过负荷引起的火灾预防

（1）要根据线路最大工作电流正确选择导线截面积。导线质量要符合现行国家技术标准。

（2）不得在原有线路中擅自增加用电设备。

（3）经常监视线路运行情况，如发现有严重过负荷现象时，应及时切除部分负荷或加大导线截面积。

（4）线路保护设备应完备，一旦发生严重过负荷，或过负荷时间已较长而且过负荷电流很大时，应切断电路，避免事故发生。

3. 电气线路连接部分接触电阻过大引起的火灾预防

（1）导线连接、导线与设备连接必须严格按规范、规定进行，必须接触紧密。

（2）在管子内配线、槽板内配线等不准有接头。

（3）导线连接要求：①连接后与未连接时导线电阻应相同；②导线连接后恢复绝缘的绝缘电阻应与未连接时的绝缘电阻相同；③连接后导线的机械强度不能下降到 80％ 以下。

（4）在平时运行中监视线路和设备的连接部分，如发现有松动或过热现象应及时处理或更换。

（5）在有电气设备和电气线路的车间等场所，应设置一定数量的灭火器材。

（五）电加热设备火灾预防

1. 电加热设备火灾原因

电熨斗、电烙铁、电炉等电加热设备表面温度很高，可达数百摄氏度，甚至更高。如果这些设备遇到可燃物，会很快燃烧起来。如果这些设备电源线过细且运行电流大大超过导线允许电流，或者不用插头而直接用线头插入插座内，或者插座电路无熔断装置保护等，都会因过热而引发火灾事故。

2. 预防措施

（1）正在使用的电加热设备必须有人看管，人离开时必须切断电源。

（2）电加热设备必须设置在陶瓷、耐火砖等耐热、隔热材料上，使用时应远离易燃和可燃物。

（3）在导线绝缘破坏或没有过电流保护（熔断器和低压断路器）时，不得使用电加热设备。

（4）电源线导线的安全载流量和电源插座的额定电流必须满足电加热设备的容量要求。

 复 习 题

1. 安全用具如何分类？

2. 辅助安全用具与基本安全用具使用有何注意事项？

3. 使用高压验电器有哪些注意事项？

4. 绝缘杆、绝缘手套、绝缘靴、验电器的试验周期如何规定？

5. 在触电急救中如何使触电者迅速解脱电源？

6. 触电急救中实施心肺复苏，如何畅通触电者气道？

7. 触电急救中实施心肺复苏，如何正确进行口对口（鼻）人工呼吸？如何正确进行胸外按压？

8. 电气火灾扑救中，断电灭火时有哪些注意事项？

9. 带电灭火有哪些注意事项？

10. 常用电气火灾灭火器材有哪些？如何正确使用？

11. 室内电气线路火灾有哪些预防措施？

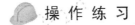 操 作 练 习

一、电气安全用具

1. 练习高压验电器验电。

2. 安全带和安全腰绳使用前检查练习。

3. 戴安全帽与防护眼镜练习。

二、触电急救

1. 心肺复苏法（模拟人）通畅气道练习。

2. 心肺复苏法（模拟人）口对口（鼻）人工呼吸练习。

3. 心肺复苏法（模拟人）胸外按压法。

4. 杆上（模拟人）高处下放触电者练习。

三、电气火灾扑救

灭火器使用。

 考核项目一　杆上单人营救

一、急救

1. 急救用的工具、材料

工具：脚扣、腰绳、提绳。

材料：金属短路线。

2. 急救的原则

(1) 及时停电。

(2) 立即抢救。

(3) 戴安全帽,穿绝缘鞋,戴绝缘手套,做好自身防护。

3. 急救步骤

(1) 脱离电源。

(2) 做好营救准备工作。

(3) 选好营救位置。

(4) 确定触电者伤势。

(5) 确定对症疾病。

(6) 下放触电者。

4. 急救工艺要求

(1) 使触电者脱离电源方法正确。

(2) 随身带好营救工具迅速登杆。营救最佳位置是高出触电者 20cm,并面向触电者。固定好安全带后再开始营救。

(3) 将触电者扶到安全带上,进行意识、呼吸、脉搏判断。如触电者有知觉,可放到地面进行护理;如无呼吸心跳,应立即进行人工呼吸或心脏按压法急救(具体方法见本项目课题二中相关内容)。

(4) 下放触电者时先用直径为 3cm 的绳子横担上绑好,固定绳子要 2~3 圈,如图 1.25 所示,将绳子另一端在触电者腋下环绕一圈,系 3 个半靠结,如图 1.25 所示。绳子选用的长度为杆的 1.2~1.5 倍。

(5) 杆上人员握住绳子一端顺着下放,如图 1.25 所示,放绳的速度要缓慢,到地面时避免创伤触电者。

(6) 杆上、杆下救护人员要相互配合,动作要协调一致。

二、考核

1. 考核所需工具、材料、设备和场地

(1) 工具:脚扣、腰绳、提绳。

(2) 材料:棉纱、医用酒精。

(3) 设备:模拟人一套、杆塔一处。

(4) 场地:应能容纳 10 人以上,有杆塔的室外场地。

2. 考核时间

考核参考时间为 30min,包括停电、营救准备、登杆选位置、杆上急救、下放伤员等所需时间。

3. 考核要点

(1) 登杆工具的准备及使用情况。

(2) 停电的方法是否得当。

(3) 登杆的熟练程度、营救位置选择。

(4) 绳扣系法是否正确。

(5) 急救方法、步骤是否正确。

（6）是否养成安全文明生产习惯。

4. 评分参考标准表

姓名				班级（单位）			
操作时间		时　分至　　时　　分			累计用时		时　　分
评分标准							
序号	考核项目	考核内容			配分	扣分	得分
1	脱离电源	抛挂金属短路线方法正确，截面积符合要求，否则扣4分			10		
		未呼救，未通知供电部门、医院，每缺一项扣2分					
2	急救准备	材料、工具齐全，否则扣2～3分			10		
		绳子直径、长度符合要求，否则扣3分					
		自我保护意识强，如穿绝缘靴、戴绝缘手套，否则扣3分					
		动作迅速，否则扣2分					
3	登杆选营救位置	登杆动作不迅速扣2～3分			20		
		未戴绝缘手套、未穿绝缘靴、遗漏工具，每项扣2分					
		营救位置高出受伤者20cm，并面向地面受伤者，否则扣3～5分					
		未注意安全距离者扣5分					
		放绳速度过快，到地面时再次创伤伤员的扣5分					
4	确定病情	判断方法不正确的扣5分			10		
5	对症急救	急救方法不正确的扣5分			20		
6	下放伤员	绳子在横担上固定围绕三圈扣2分			20		
		绳扣绑方法不正确扣3分					
		放绳过快到地面时创伤伤员扣5分					
7	文明生产	损坏设备视情节轻重扣5～10分			10		
指导老师					总分		

 考核项目二　触电后现场诊断

一、现场诊断

1. 现场诊断（见图1.19）

（1）看：看触电者胸部有无起伏动作。

（2）听：用耳贴近触电者口鼻处听有无呼吸。

（3）试：试测口鼻处有无呼出气流；用手指轻试一侧（左或右）喉结旁凹陷处的颈动脉有无脉搏。

2. 触电者症状及急救方法

（1）触电者神志清醒，感觉心慌，四肢发麻，全身无力，呼吸急促，面色苍白或者曾一度昏迷，但未失去知觉，应抬至空气清新、通风良好的地方使其就地平躺，严密观察，休息1～2h，暂时不要使其站立或者走动，并注意保暖。

（2）触电者神志不清，使其就地平躺，且确保气道畅通，并且持续5s，呼叫触电者或轻拍其肩部，以判断是否丧失意识，禁止摇动触电者头部呼叫触电者。

（3）有呼吸但心跳停止，采用胸外按压法。

（4）心脏有跳动，但呼吸停止，采用口对口（鼻）呼吸法。

（5）心脏、呼吸均停止，应同时采用口对口（鼻）呼吸法和胸外按压法。

二、考核

1. 考核所需设备

模拟人 1 套。

2. 考核时间

参考时间为 15min。

3. 考核要点

（1）诊断方法是否得当、熟练。

（2）根据触电者的症状提出急救方法是否得当。

4. 评分参考标准表

姓名					班级（单位）			
操作时间		时　　分至　　　时　　分			累计用时		时　　　分	
评分标准								
序号	考核项目	考核内容			配分	扣分	得分	
1	判断意识	未摇双臂，未呼唤，未掐人中，掐压不稳，未看瞳孔，每项扣 4 分			20			
		掐人中时间少于 5s，动作过重过轻，每项扣 3 分						
		呼救声音过小扣 2 分						
2	判断呼吸	未看胸部，未贴近口鼻处，每项扣 5 分			20			
3	判断心跳	触摸颈动脉方法不正确，位置错误，触摸时间小于 5s，每项扣 5 分			20			
4	报告判断情况	语言不清晰扣 5 分			20			
		根据症状采取方法不正确扣 10 分						
5	文明生产	损坏设备视情节轻重扣 5～10 分			20			
		态度不端正扣 5 分						
指导老师					总分			

 考核项目三　口对口（鼻）人工呼吸法

一、急救

1. 急救设备、材料

1）设备：智能模拟人、移动电源。

2）材料：医用酒精、棉纱。

2. 急救的安全要求

1）不得损坏模拟人。

2）对模拟人进行消毒。

3. 急救步骤及工艺的要求

（1）急救步骤。

1）现场诊断，用看、听、试的方法判断触电者的伤势，决定采取何种急救方法。

2）畅通气道。

3）捏鼻掰嘴。

4）贴近吹气。

5）放松换气。

（2）急救要求。

1）现场诊断，要迅速不超过 10s。

2）可采用仰头抬颏法使触电者气道通畅，严禁将枕头或其他物品垫在触电者头下，如发现触电者口中有异物可将其身体和头部同时偏转，并迅速用手指从其口角处插入取出，如图 1.20 所示。

3）上述准备工作完成后，使触电者头部尽量后仰，鼻孔朝天，避免舌头下坠致使呼吸道梗塞，如图 1.26（a）所示。救护人用一只手紧捏触电者鼻孔（不要漏气），另一只手中指、食指并拢向下推触电者颌骨，使嘴张开（嘴上可盖一块纱布或薄布），如图 1.26（b）所示，使其保持气道畅通。

4）救护人员深呼吸后用自己的嘴唇包住触电者的嘴（不要漏气）吹气，先连续大口吸气两次，每次 1～1.5s，要求快而深，如图 1.26（c）所示。如两次吹气后试测颈脉仍无脉搏，可判定心跳已停止，要立即同时进行胸外按压。

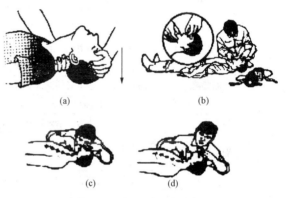

图 1.26 人工呼吸法示意图
(a) 头部后仰；(b) 捏鼻掰嘴；
(c) 贴嘴吹气；(d) 放松换气

5）救护人员吹气完毕准备换气时，应立即离开触电者的嘴，并放松捏紧的鼻孔，如图 1.26（d）所示；除开始大口吹气两次外，正常口对口（鼻）呼吸吹气量不需过大，以免引起胃膨胀；吹气和放松时注意伤员胸部应有起伏呼吸动作。吹气时有较大的阻力，可能是头部后仰不够，应及时纠正。

6）按照以上步骤连续不断地进行操作，每分钟吹气 12 次，即每 5s 吹一次气，吹气约 2s，呼气约 3s，如触电者牙关紧闭，不宜撬开，可向鼻孔吹气。吹气量应根据触电者体质情况进行调整。

二、考核

1. 考核所需材料设备

1）设备：智能模拟人 1 套。

2）材料：棉纱、医用酒精。

2. 考核时间

参考时间是 20min。

3. 考核要点

1）诊断方法是否正确。

2）畅通气道方法是否正确。

3）吹气、呼气时间是否相等。

4）操作频率是否得当。

5）整个急救过程中是否熟练、明确。

6）是否养成安全文明生产习惯。

4. 评分参考标准表

姓名				班级（单位）			
操作时间		时　分至　　时　分		累计用时		时　分	
评分标准							
序号	考核项目	考核内容			配分	扣分	得分
1	判断意识	未摇双肩，未呼唤，未掐人中，掐压不稳，未看瞳孔，每项扣1分			10		
		时间少于5s、动作过重或过轻，每项扣1~2分					
2	判断呼吸	未贴近触电者口鼻判断呼吸起伏扣2分			15		
		未用眼睛观看触电者的胸部起伏扣2分					
		判断时间少于5s扣2分					
3	报告伤情	叙述不准确，语言不清晰，每项扣1~2分			5		
4	确定病情	判断方法不正确扣5分			10		
		急救方法不正确扣分					
5	口对口呼吸	清理动作不规范，未拉开气道或方法不正确，每项扣2分			20		
		吹气时未捏住鼻孔，未包住触电者口、未侧头吸气，吹气完毕后未松开鼻孔，每项扣2分					
		无效吹气一次，多吹一次或少吹一次，每次扣2分					
		每次吹气持续2s左右，否则扣2分					
6	再次判断	同上			10		
7	抢救情况	未抢救成功扣20分			20		
8	文明生产	损坏设备视情节轻重扣5~10分			10		
		态度认真、着装整齐、仪表端庄，否则每项扣1分					
指导教师					总分		

项目二　常用电工工具及电工仪表的使用

课题一　常用电工工具的使用

常用电工工具包括螺丝刀、钢丝钳、尖嘴钳、电工刀、剥线钳等。

一、螺丝刀

螺丝刀又称旋凿或启子，是一种紧固或拆卸螺钉的工具。

1. 螺丝刀的式样和规格

螺丝刀的式样和规格很多，按头部形状不同可分为一字形和十字形两种，如图 2.1 所示。

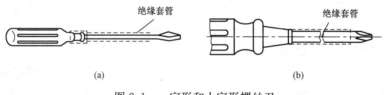

图 2.1　一字形和十字形螺丝刀

(a) 一字形；(b) 十字形

一字形螺丝刀常用的规格有 50、100、150mm 和 200mm 等规格，其中电工必备的是 50mm 和 150mm 两种规格。十字形螺丝钉专供紧固或拆卸十字槽的螺钉，常用的规格有 Ⅰ～Ⅳ 号四种，分别适用于直径为 2～2.5、3～5、6～8mm 和 10～12mm 的螺钉。

按握柄材料不同，螺丝刀又可分为木柄和塑料柄两种。

2. 使用螺丝刀的安全知识

(1) 电工不可使用金属杆直通柄顶的螺丝刀，否则使用时很容易造成触电事故。

(2) 使用螺丝刀紧固或拆卸带电的螺钉时，手不得触及螺丝刀的金属杆，以免发生触电事故。

(3) 为避免螺丝刀的金属杆触及皮肤或触及邻近带电体，应在金属杆上穿绝缘套管。

二、电工刀

电工刀是用来剖削电线线头、切割木台缺口和削制木枕的专用工具，其外形如图 2.2 所示。使用电工刀时，应将刀口朝外剖削。剖削导线绝缘层时，应使刀面与导线成较小的锐角，以免割伤导线。

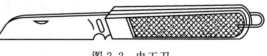

图 2.2　电工刀

1. 用电工刀剖削护套线和线头的方法

(1) 剖削单芯护套线塑料绝缘层方法如图 2.3 (a) 所示。

1) 如图 2.3 (b) 所示，根据所需长度用电工刀以 45°角倾斜切入。

2) 接着如图 2.3 (c) 所示，刀面与线芯保持 25°角左右，用力向线端推削，注意不要切入线芯，剥去上面一层塑料绝缘。

(2) 剖削双芯或三芯护套线塑料绝缘层方法如图 2.4 所示。

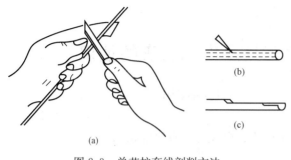

图 2.3　单芯护套线剖削方法

(a) 剖削线头；(b) 以 45°角倾斜切入；

(c) 以 25°角倾斜推削

1）如图 2.4（a）所示，根据所需长度用电工刀刀尖对准线芯缝隙划开护套层。

2）向后翻护套层，用刀齐根切去，如图 2.4（b）所示。

2．使用电工刀的安全知识

（1）使用电工刀时，应注意避免伤手。

（2）电工刀使用完毕，随即将刀身折进刀柄。

（3）电工刀刀柄是无绝缘保护的，不能在带电导线或器材上剖削，以免触电。

三、钢丝钳

钢丝钳又称钳子，是用来钳夹、剪切导线、金属线等电工材料的常用工具。钢丝钳有铁柄和绝缘柄两种，绝缘柄为电工用钢丝钳，常用的规格有 150、175mm 和 200mm 三种。

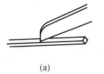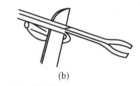

图 2.4　多芯护套线剖削方法

(a) 划开护套层；(b) 后翻护套层

1．电工钢丝钳的结构和用途

电工钢丝钳由钳头和钳柄两部分组成，钳头由钳口、齿口、刀口和铡口四部分组成。钳口用来弯绞和钳夹导线线头；齿口用来紧固或起松螺母；刀口用来剪切导线或剖削软导线绝缘层；铡口用来铡切电线线芯、钢丝或铅丝等较硬金属。其结构及用途如图 2.5 所示。

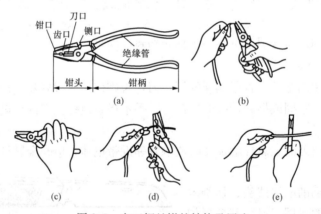

图 2.5　电工钢丝钳的结构及用途

(a) 结构图；(b) 弯绞导线；(c) 紧固螺母；(d) 剪切导线；(e) 铡切钢丝

2．使用电工钢丝钳的安全知识

（1）要注意保护好钳柄绝缘部分，并在使用前检查绝缘柄的绝缘是否完好。绝缘如果损坏，进行带电作业时会发生触电事故。

（2）用电工钢丝钳剪切带电导线时，不得用刀口同时剪切相线和中性线，或同时剪切两根相线，以免发生短路故障。

（3）钢丝钳不能当做敲打、锤击的工具。

四、剥线钳

剥线钳是专门用于剥削 $6mm^2$ 及以下单股或多股导线绝缘层的工具，其外形如图 2.6 所示。

使用剥线钳剥削导线绝缘层时，先将要剥削的绝缘长度用标尺定好，然后将导线放入相应的刃口中（比导线直径稍大），再用手将钳柄一握，导线的绝缘层即被剥离。

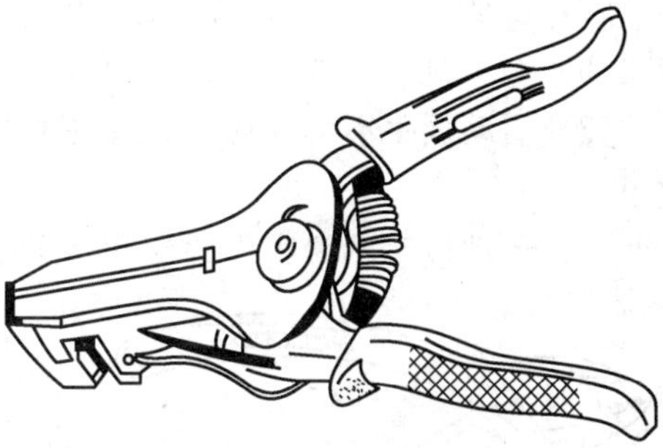

使用剥线钳的注意事项：

（1）根据所需剥削导线的规格，将导线放在

图 2.6　剥线钳外形图

相应的刀口中。如放较大的刀口内，不能有效地削掉绝缘层；如放较小的刀口内，则会损坏线芯，甚至会将线芯切断。

（2）带电使用时先检查绝缘手柄是否完好无损，并注意钳头与其他带电体或金属壳体的距离，以免发生触电、短路等事故。

（3）剥线钳不能代替钢丝钳用来切断导线，这样可能使剥线钳变形或刀口损坏。

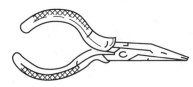

图 2.7　尖嘴钳外形图

五、尖嘴钳

尖嘴钳的头部尖细，适应于在狭小的工作空间操作。尖嘴钳也有铁柄和绝缘柄两种，绝缘柄的耐压为 500V。其外形如图 2.7 所示。

尖嘴钳的用途有以下几个方面：

（1）带有刃口的尖嘴钳能剪断细小金属丝。

（2）尖嘴钳能夹持较小的螺钉、垫圈和导线等元件进行施工。

（3）在装接控制电路板时，尖嘴钳能将单股导线弯成一定圆弧的接线端子。

六、活动扳手

活动扳手又称活络扳手，是用来紧固和起松螺母的一种专用工具。

1. 活动扳手的结构和规格

活动扳手由头部和柄部组成，头部由活络扳唇、呆扳唇、扳口、蜗轮和轴销等构成，如图 2.8（a）所示。旋动蜗轮可调节扳口的大小。活动扳手的规格以长度×最大开口宽度（单位为 mm）来表示，电工常用的活动扳手规格有 150×19（6in）、200×24（8in）、250×30（10in）、300mm×36mm（12in）等四种。

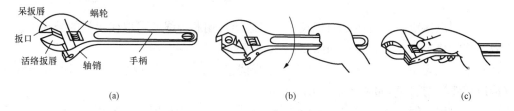

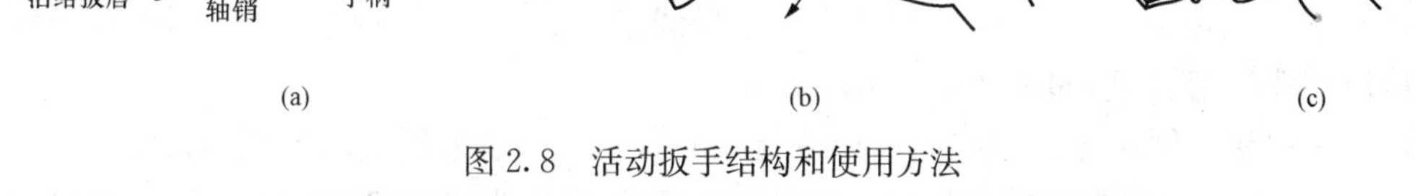

图 2.8　活动扳手结构和使用方法
（a）活动扳手的结构；（b）扳较大螺母时握法；（c）扳较小螺母时握法

2. 活动扳手的使用方法

（1）扳动较大螺母时，需用较大力矩，手应握在近柄尾处，如图 2.8（b）所示。

（2）扳动较小螺母时，需用力矩不大，但螺母过小易打滑，故手应握在近头部的地方，如图 2.8（c）所示。可随时调节蜗轮，收紧活络扳唇，防止打滑。

（3）活动扳手不可反用，以免损坏活络扳唇，也不可用钢管接长柄来施加较大的扳拧力矩。

（4）活动扳手不得当作撬棒和锤子使用。

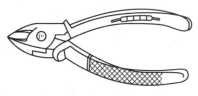

图 2.9　斜口钳外形图

七、斜口钳

斜口钳专用于剪断各种电线、电缆，其外形如图 2.9 所示。对粗细不同、硬度不同的材料，应选用大小合适的斜口钳。

八、压接钳

压接钳是一种用冷压的方法来连接铜、铝导线的五金工具，特别是在铝绞线和钢芯铝绞线敷设施工中常要用到它。压接钳大致可分为手压和油压两类。导线截面积为 35mm^2 及以下时采用手压钳，35mm^2 以上采用齿轮压钳或油压钳。

常见的几种压接钳外形如图 2.10 所示。

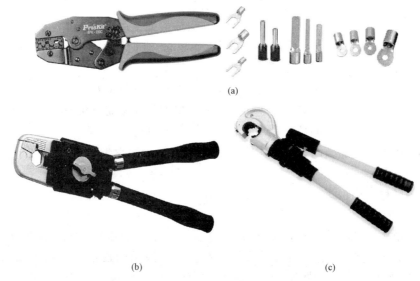

(a)

(b)　　　　　　　　　　　　　　　　(c)

图 2.10　常见的压接钳外形图

（a）小型压接钳；（b）机械式压接钳；（c）液压导线压接钳

（1）小型压接钳，可压接截面积较小的多股铝、铜芯导线，可取代锡焊的繁琐工艺，提高工效，连接稳定可靠，其外形如图 2.10（a）所示。

（2）截面积为 10～35mm^2 的单芯铜、铝导线接头或封端的压接，常采用手动导线压接钳（冷压接钳），其外形如图 2.10（b）所示。

（3）多股铝、铜芯导线作中间连接或封端的压接，一般采用液压导线压接钳，其外形如图 2.10（c）所示。根据压模规格，可压接铝导线截面积为 16～240mm^2，压接铜导线截面积为 16～150mm^2，压接形式为六边形围压截面。

导线压接不论手动压接还是其他方式压接，除了选择合适的压模外，还要按照一定的顺序进行施压，并控制压力适当。

课题二　常用仪表的使用与选择

电工常用仪表一般包括电流表、电压表、钳形表、万用表、兆欧表、电桥、接地电阻测试仪等。

一、电流表的使用

测量电路中的电流强度需使用电流表。根据仪表量程数值的大小，电流表可分为安培表、毫安表和微安表等。测量小于 $1\mu A$ 的电流，应采用检流表。使用电流表时，应根据被测量电流的大小，选择不同的电流表。

1. 连接方式

用电流表测量某一支路的电流，应把电流表串联在电路中，如图 2.11 所示。

测量直流电流常选用 IC2－A 型仪表，使用时应注意仪表的极性与电路的极性一致，即电流由"＋"端流入，从"－"端流出；否则指针会反转，严重时打弯指针。测量交流电流则不必区分极性，常用的交流电流表有 1T、44L、59L、61L、62T、81T、85T 等系列。

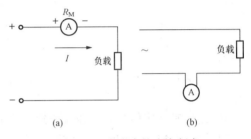

图 2.11　电流表的连接方式
（a）直流电流的测量；（b）交流电流的测量

2. 电流表量程的扩大

当被测电流超出仪表的测量量程时，应采取措施扩大电流表的量程。实际应用中一般采用分流器扩大直流电流表的量程和用电流互感器扩大交流电流表的量程。

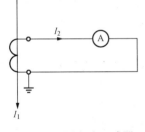

图 2.12　用电流互感器扩大交流电流表的量程

当被测交流电流很大时，常采用电流互感器扩大电流表的量程，电流表与电流互感器应配套使用，连接方法如图 2.12 所示。电流互感器的变比应满足电流测量的基本要求，电流互感器二次绕组的额定电流为 5A，配套的电流表量程也应为 5A，电流表的刻度与电流互感器一次侧的电流相对应，这样就可以直接读出被测电流的值。安装和拆卸电流互感器时，应注意二次侧绕组不能开路，并保证电流互感器二次侧绕组、铁芯和外壳都要有可靠的保护接地点。

3. 钳形电流表

钳形电流表简称钳形表，它是一种不需断开电路就可直接测量交流电流的携带式仪表，在电气检修中使用非常方便，应用相当广泛。钳形电流表是根据电流互感器的原理制成的，它的工作部分主要由电磁式电流表和穿心式电流互感器组成。它有指针式和数字式两种，其外形如图 2.13 所示。测量时，按动扳手，打开钳口，将被测载流导线置于穿心式电流互感器中间即可。

（1）钳形电流表的使用要点。

1）测量前，应检查电流表指针是否指向"0"位，否则应进行机械调零。

2）测量前，应检查钳口的开合情况，要求钳口可动部分开合自如，两边钳口结合面接

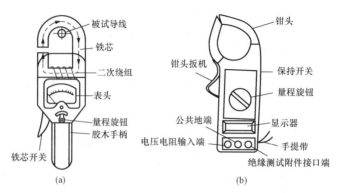

图 2.13　钳形电流表结构图

（a）指针式；（b）数字式

触紧密。

3）测量时，量程旋钮应置于适当位置，以便在测量时指针超过中间刻度，以减少测量误差。

4）测量时，应使被测导线置于钳口中心位置，以减少测量误差。

5）钳形电流表不用时，应将量程旋钮旋至最高量程挡，以免下次使用时不慎损坏仪表。

（2）钳形电流表使用时的注意事项。

1）不得用钳形电流表测量高压线路的电流，被测线路的电压不能超过钳形电流表所规定的使用电压，以防绝缘击穿，人身触电。

2）测量前应估计被测电流的大小，选择合适的量程，不可用小量程去测量大电流。

3）测量 5A 以下电流时，为了得到较准确的测量结果，若条件允许，可将被测导线在钳口铁芯上绕几匝进行测量，这时实际电流值应为读数除以导线的匝数。

二、电压表的使用

电压表用于测量电路中两点的电压。根据仪表量程的大小，电压表可分为千伏表、伏特表、毫伏表和微伏表。要根据被测电压大小选择不同的电压表。

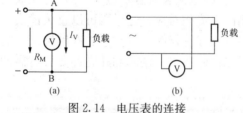

图 2.14　电压表的连接

（a）直流电压的测量；（b）交流电压的测量

1. 连接方式

用电压表测量负载两端的电压时，应将电压表并联在负载两端，如图 2.14 所示。

测量直流电压常选用 IC2－V 型仪表，使用时应注意仪表的极性与电路的极性一致，即电压表"＋"端接在负载的高电位端，电压表的"－"端接在负载的低电位端。测量交流电压时就不必区分极性，测量交流电压常使用 1T、44L、59L、61L、62T、81T、82L 等系列仪表。

2. 电压表量程的扩大

在实际应用中常采用分压器扩大直流电压表的量程。其方法是将分压器与电压表串联，然后并联到被测的负载两端。实际上分压器就是将被测负载两端的电压大部分电压加在分压器的两端，来扩大电压表的量程。

分压器实际是一个大电阻，在选择分压器时要注意分压器的准确度与电压表的准确度相符，否则会影响测量的准确度。

三、万用表的使用

万用表又称多用表，是一种多用途、多量程的电工电子仪表，可以测量电压、电流和电阻等多种参量。模拟万用表（俗称指针表）由表头、测量线路、转换开关及外壳等组成。数字万用表由数字表头（A/D 转换、段驱动、位驱动、振荡器、数码管显示）、测量线路、电源电路、转换开关及外壳等组成。常用万用表外形图如图 2.15 所示。

（一）MF - 47D 型万用表

南京天宇电子仪表厂生产的 MF - 47D 型万用表采用高灵敏度的磁电系整流式表头（外磁式），设计紧凑，结构牢固，携带方便，零部件均选用优良材料及工艺处理，具有良好的电气性能和机械强度。该仪表测量机构采用高灵敏度表头，性能稳定；开关板能保证长期耐磨、防氧化，从而保证长期可靠使用；采用了全保护电路，用错量程或电路过载时强行熔断熔丝，从而起到保护表头与电路的作用。

图 2.15　常用万用表外形图　　　　　　　图 2.16　MF - 47D 型万用表面板图
(a) 模拟万用表；(b) 数字万用表

1. 仪表面板

MF - 47D 型万用表面板如图 2.16 所示。表盘标度尺刻度线与挡位开关旋钮指示盘均为红、绿、黑三色，共有 10 条专用刻度线，刻度分开，便于读数；配有反光铝膜，消除视差，提高了读数精度。除交直流 2500V 和直流 10A（0.025Ω）分别有单独的插座外，其余只需转动一个转换开关，使用方便；装有提把，不仅便于携带，而且可在必要时作倾斜支撑，便于读数。

2. 使用方法

MF - 47D 型万用表要求在环境温度 0～40℃，相对湿度 20%～80% 的情况下使用。在使用前应检查指针是否指在机械零位上，如不指在零位，可旋转表盖上的机械调零器使指针指示在零位上。然后将测试红表笔插入"+"插孔中、测试黑表笔插入"-"插孔中，如测量交直流 2500V 或直流 10A 电流时，将测试红表笔分别插入标有"2500V"或"10A"的插孔中。

（1）直流电流测量。测量 0.05～500mA 时，转动转换开关至所需的电流挡；测量 5A 时，应将测试红表笔插入 5A 插孔内，转换开关可放在 500mA 直流电流量限上；而后将测试表笔串接于被测电路中。

（2）交直流电压测量。测量交流 10～1000V 或直流 0.25～1000V 时，转动转换开关至所需电压挡；测量交直流 2500V 时，应将测试红表笔插入"2500V"插孔内，转换开关应分别旋至交、直流 1000V 位置上；而后将测试表笔跨接于被测电路两端。

（3）直流电阻测量。装上电池（R14 型 1.5V 二号电池、6F22 型 9V 层叠电池各一只），转动转换开关至所需测量的电阻挡，将测试表笔二端短接，调整欧姆旋钮（0Ω. ADJ），使指针对准欧姆挡"0"位上，然后分开测试表笔进行测量。测量电路中的电阻时，应先切断电源，如电路中有电容应先行放电。当检查有极性电解电容器漏电电阻时，可转动转换开关到 Ω×1k 挡，测试红表笔必须接电容器负极，黑表笔接电容器正极。注意：当 R×1 挡不能调至零位或蜂鸣器不能正常工作时，需更换 1.5V 二号电池；当 R×10k 挡不能调至零位时，或者红外线检测挡发光管亮度不足时，需更换 6F22 型 9V 层叠电池。

（4）通路蜂鸣器检测。与欧姆挡一样先将仪表调零，此时蜂鸣器工作发出约 1kHz 长鸣叫声，即可进行测量。当被测电路阻值低于 10Ω 时，蜂鸣器发出鸣叫声，此时不必观察表盘即可了解电路通断情况。音量与被测线路电阻成反比例关系，此时表盘指示值约为 R×3（参考值）。

（5）音频电平测量。在一定的负荷阻抗上，用来测量放大器的增益和线路输送的损耗，测量单位以 dB（分贝）表示。音频电平以交流 10V 为基准刻度，如指示值大于＋22dB 时，可在 50V 挡位以上各量限测量，按表上对应的各量限的增加值进行修正。测量方法与交流电压基本相似，转动转换开关至相应的交流电压挡，并使指针有较大的偏转。如被测电路中带有直流电压成分，可在"＋"插座中串接一个 0.1μF 的隔直流电容器。

（6）电容测量。先将转换开关旋至被测电容容量大约范围的挡位上（见表 2.1），用调零电位器校准调零。被测电容接在表笔两端，表针摆动的最大指示值即为该电容电量。随后表针将逐步退回，表针停止位置即为该电容的品质因数（损耗电阻）值。注意：每次测量后应将电容彻底放电后再进行测量，否则测量误差将增大；有极性电容应按正确极性接入，否则测量误差及损耗电阻将增大。

表 2.1　　　　　　　　　　　　　　万用表电容挡测量范围

电容挡位 C（μF）	C×1	C×10	C×100	C×1k	C×10k
测量范围（μF）	0.01～10	0.1～100	1～1000	10～10 000	100～100 000

（7）晶体管放大倍数测量。转动转换开关至 R×10hFE 处，同欧姆挡方法调零后，将 NPN 或 PNP 型晶体管对应插入晶体管 N 或 P 孔内，表针指示值即为该管直流放大倍数。如果指针偏转指示大于 1000 应检查是否插错管脚，晶体管是否损坏。此表按硅三极管定标，复合三极管、锗三极管测量结果仅供参考。

（8）电池电量测量。使用 BATT 刻度线，该挡位可供测量 1.2～3.6V 的各类电池（不包括纽扣电池）电量用。负载电阻 R_L＝8～12Ω。测量时将电池按正确极性搭在两根表笔上，观察表盘上 BATT 对应刻度，分别为 1.2、1.5、2、3、3.6V 刻度。绿色区域表示电池电力量充足，"?"区域表示电池尚能使用，红色区域表示电池电力不足。测量纽扣电池及小容量电池时，可用直流 2.5V 电压挡（R_L＝50K）进行测量。

（9）负载电压 LV（V）（稳压）、负载电流 LI（mA）参数测量。

该挡主要测量在不同的电流下非线性器件电压降性能参数或反向电压降（稳压）性能参

数。例如发光二极管、整流二极管、稳压二极管及三极管等，在不同电流下曲线，或稳压二极管性能。测量方法同欧姆挡，其中 $0\sim1.5V$ 刻度供 $R\times1\sim\times1k$ 用，$0\sim10.5V$ 刻度供 $R\times10k$ 挡用（可测量 10V 以内稳压管）。各挡满度电流见表 2.2。

表 2.2　　　　　　　　　　　　**各 挡 满 度 电 流**

开关位置（Ω）×挡	$R\times1$	$R\times10$	$R\times100$	$R\times1k$	$R\times10k$
满度电流 LI（mA）	100	10	1	0.1	0.07
测量范围 LV（V）	$0\sim1.5$				$0\sim10.5$

（10）标准电阻箱应用。在一些特殊情况下，可利用该仪表直流电压或电流挡作为标准电阻使用。当该表位于直流电压挡时，如 1V 挡相当于 20kΩ 标准电阻（$1.0V\times20k=20k\Omega$），其余各挡类推。当该表位于直流电流挡时，如 5mA 挡相当于 50Ω 标准电阻（$0.25V/0.005A=50\Omega$），其余各挡可根据技术规范类推（注意：使用该项功能时，应避免表头过载而出现故障）。各挡标准电阻见表 2.3。

表 2.3　　　　　　　　　　　　**各 挡 标 准 电 阻**

挡位	10A	500mA	50mA	5mA	0.5mA	50μA	1V
标准电阻（Ω）	0.025	0.5	5	50	500	5k	20k
挡位	2.5V	10V	50V	250V	500V	1000V	2500V
标准电阻（Ω）	50k	200k	1M	2.25M	4.5M	9M	22.5M

3. 注意事项

MF-47 万用表采用过压、过流自融断保护电路及表头过载限幅保护等多重保护，但使用时仍应遵守下列规程，避免意外损失。

（1）测量高压或大电流时，为避免烧坏转换开关，应在切断电源情况下，变换量程。

（2）测量未知的电压或电流，应选择最高量程，待第一次读取数值后，方可逐渐转至适当位置以取得较准读数并避免烧坏电路。

（3）如偶然发生因过载而烧断熔丝时，可打开熔丝盖板换上相同型号的备用熔丝（0.5A/250V，$R\leqslant0.5\Omega$）。

（4）测量高压时，要站在干燥绝缘板上，并一手操作，防止意外事故。

（5）电阻各挡用干电池应定期检查、更换，以保证测量精度，如长期不用，应取出电池，以防止电解液溢出腐蚀而损坏其他零件。

（6）仪表应保存在室温为 $0\sim40℃$，相对湿度不超过 80% ，并不含有腐蚀性气体的场所。

（二）UT52 型数字万用表

优利德电子（上海）有限公司生产的 UT52 型数字万用表，是一种 $3\frac{1}{2}$ 位、性能稳定、高可靠性的手持式数字多用表，整机电路设计以大规模集成电路、双积分 A/D 转换器为核心并配以全功能过载保护，可用来测量直流和交流电压、电流、电阻、电容、二极管及电路通断。

1. 外形和结构

UT52 数字万用表外表结构如图 2.17 所示。

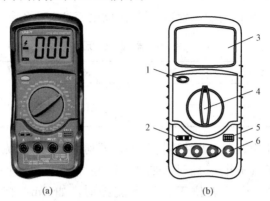

(a)   (b)

图 2.17   UT52 型数字万用表外形和结构图

(a) 外形图；(b) 结构图

1—电源开关；2—电容测试座；3—LCD 显示器；

4—功能开关；5—晶体管测试座；6—输入插座

2. 电气符号

UT52 型数字万用表上电气符号含义见表 2.4。

表 2.4   UT52 型数字万用表上的电气符号含义

电气符号	含义	电气符号	含义
⊟	机内电池电量不足	CE	符合欧洲共同体（European Union）标准
～	AC（交流）	⏚	接地
⚡	高压	⎓	DC（直流）
▣	双重绝缘	▷⊢	二极管
⚠	警告提示	•)))	蜂鸣通断
MC	中国技术监督局，制造计量器具许可证	⊏▭⊐	熔丝

3. 使用方法

（1）使用前注意事项。将 POWER 开关按下，检查 9V 电池，如果电池电压不足，"⊟" 将显示在显示器上，这时则需更换电池。

测试笔插孔旁边的 "⚠" 符号，表示输入电压或电流不应超过显示值，这是为了保护内部线路免受损坏。

测试之前，功能开关应置于你所需要的量程。

（2）直流电压测量。将黑色笔插入 "COM" 插孔，红表笔插入 "V" 插孔。将功能开关置于 "V"、"⎓" 量程范围，并将测试表笔并接到待测电源或负载上，红表笔所接端子的极性将同时显示。

注意：

1）如果不知被测电压范围。将功能开关置于最大量程并逐渐下调。

2）如果显示器只显示"1"，表示过量程，功能开关应置于更高量程。

3）"⚠"表示不要输入高于1000V的电压，显示更高的电压值是可能的，但有损坏内部线路的危险。

4）当测量高电压时要格外注意避免触电。

（3）交流电压测量。将黑表笔插入"COM"插孔，红表笔插入"V"插孔。将功能开关置于"V"量程范围，并将测试表笔并接到待测电源或负载上。

注意：

1）参看直流电压测量注意事项中的1）、2）。

2）"⚠"表示不要输入高于750V有效值的电压，显示更高的电压值是可能的，但是有损坏内部线路的危险。

（4）直流电流测量。将黑表笔插入"COM"插孔，当测量最大值为200mA以下的电流时，红表笔插入"mA"插孔；当测量最大值为20A（10A）的电流时，红表笔插入"A"插孔。将功能开关置"A"、"$\underline{\quad}$"量程，并将测试表笔串联接入到待测负载回路里，电流值显示的同时，将显示红表笔的极性。

注意：

1）如果使用前不知道被测电流范围，将功能开关置于最大的量程并逐渐下调。

2）如果显示器只显示"1"，表示过量程，功能开关应置于更高量程。

3）"⚠"表示最大输入电流为200mA，过量的电流将烧坏熔丝，应即时再更换，20A量程无熔丝保护。

（5）交流电流的测量。将黑表笔插入"COM"插孔，当测量最大值为200mA以下的电流时，红表笔插入"mA"插孔；当测量最大值为20A（10A）的电流时，红色笔插入"A"插孔。

将功能开关置于"A～"量程，并将测试表笔串联接入到待测负载回路里。

注意：参看直流电流测量注意事项。

（6）电阻测量。将黑表笔插入"COM"插孔，红表笔插入"Ω"插孔。将功能开关置于"Ω"量程，将测试表笔并接到待测电阻上。

注意：

1）如果被测电阻值超出所选择量程的最大值，将显示过量程"1"，应选择更高的量程；对于大于1MΩ或更高的电阻，要几秒钟后读数才能稳定，对于高阻值读数这是正常的。

2）当无输入时，如开路情况，仪表显示为"1"。

3）当检查内部线路阻抗时，被测线路必须将所有电源断开，电容电荷放尽。

4）200MΩ短路时有10个字，测量时应从读数中减去。例如测100MΩ电阻时，显示为101.0，10个字应被减去。

（7）电容测量。连接待测电容之前，注意每次转换量程时复零需要时间，有漂移读数存在不会影响测试精度。

注意：

1）仪器本身虽然对电容挡设置了保护，但仍须将待测电容先放电然后进行测试，以防损坏本表或引起测量误差。

2）测量电容时，将电容插入电容测试座中。

3）测量大电容时稳定读数需要一定的时间。

4）单位为 $1\mathrm{pF}=10^{-6}\mu\mathrm{F}$，$1\mathrm{nF}=10^{-3}\mu\mathrm{F}$。

（8）二极管测试及蜂鸣通断测试。将黑色表笔插入"COM"插孔，红表笔插入"VΩ"插孔（红表笔极性为"＋"）将功能开关置于"→▸┠、•))"挡，并将表笔连接到待测二极管上，读数为二极管正向压降的近似值。

将表笔连接到待测线路的两端，如果两端之间电阻值低于 70Ω 时，内置蜂鸣器发声。

（9）晶体管 hFE 测试。将功能开关置 hFE 量程。确定晶体管是 NPN 或 PNP 型，将基极、发射极和集电极分别插入面板上相应的插孔，显示器上将显示 hFE 的近似值。测试条件为 $I_\mathrm{b}\approx10\mu\mathrm{A}$，$V_\mathrm{ce}\approx2.8\mathrm{V}$。

4. 注意事项

（1）不要接高于 1000V 直流电压或高于 750V 交流有效值电压。

（2）不要在功能开关处于电流、Ω 和→▸┠、•))挡位时，将电压源接入。

（3）在电池没有装好或后盖没有上紧时，请不要使用此表。

（4）只有在测试表笔移开并切断电源以后，才能更换电池或熔丝。

四、兆欧表

兆欧表又称摇表、高阻计或绝缘电阻表，是一种测量电器设备及电路绝缘电阻的仪表。其计量单位是兆欧，用 MΩ 表示。兆欧表虽然种类很多，但工作原理与结构大致相同，主要由手摇直流发电机（有的用交流发电机加整流器）、磁电式流比计及接线桩（L、E、G）三部分组成。常用的兆欧表外形如图 2.18（a）所示。

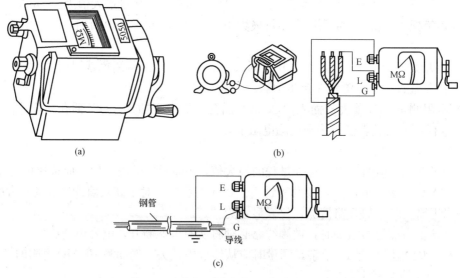

(a)　　　　　　　　　　　　(b)

(c)

图 2.18　常用兆欧表外形图和接线方法
（a）外形图；（b）、（c）接线方法

1. 兆欧表的选用

兆欧表的选用主要考虑两个方面：一是电压等级，二是测量范围。

测量额定电压在 500V 以下的设备或线路的绝缘电阻时，可选用 500V 或 1000V 的兆欧表；测量额定电压在 500V 以上的设备或线路的绝缘电阻时，可选用 1000～2500V 的兆欧表；测量绝缘子时，应选用 2500～5000V 的兆欧表。

兆欧表测量范围的选择主要考虑两方面：一方面，测量低压电气设备的绝缘电阻时可选用 0～200MΩ 的兆欧表，测量高压电气设备或电缆时可选用 0～2000MΩ 兆欧表；另一方面，因为有些兆欧表的起始刻度不是零，而是 1MΩ 或 2MΩ，这种仪表不宜用来测量处于潮湿环境中的低压电气设备的绝缘电阻，因其绝缘电阻可能小于 1MΩ，造成仪表上无法读数或读数不准确。

2. 兆欧表的正确使用

兆欧表上有三个接线柱，两个较大的接线柱上分别标有 E（接地）、L（线路），另一个较小的接线柱上标有 G（屏蔽）。其中，L 接被测设备或线路的导体部分，E 接被测设备或线路的外壳或大地，G 接被测对象的屏蔽环（如电缆壳芯之间的绝缘层上）或不需测量的部分。兆欧表的常见接线方法如图 2.18（b）所示。

（1）测量电机的绝缘电阻。将兆欧表的接线柱 E 接机壳，接线柱 L 接到电机绕阻上，如图 2.18（b）所示。线路接好后，可按顺时针方向摇动兆欧表的发电机摇把，转速由慢变快，一般约为 120r/min，待发电机转速稳定时，表针也稳定下来，这时表针指示的数值就是所测得的绝缘电阻值。

（2）测量电缆的绝缘电阻。测量电缆的导电线芯与电缆外壳的绝缘电阻时，除将被测两端分别接 E、L 接线柱外，还需将 G 接线柱引线接到电缆壳与芯之间的绝缘层上，如图 2.18（c）所示。

（3）测量照明或电力线路绝缘电阻。将兆欧表的接线柱 E 可靠接地，接线柱 L 接到被测线路上。

3. 使用兆欧表的注意事项

（1）测量电气设备的绝缘电阻时，必须先切断设备的电源，然后将设备进行放电，以保证人身安全和测量准确。

（2）兆欧表测量时应放在水平位置，未接线前先摇动兆欧表做开路试验，检查指针是否指在"∞"处，再将两个接线柱 E 和 L 短接，慢慢地转动兆欧表，检查指针是否指在"0"处，若指针指到"0"处，说明兆欧表是好的。

（3）兆欧表接线柱上的引出线应用多股软线，且要有良好的绝缘，两根引线切忌绞在一起，以免造成测量数据的不准确。

（4）兆欧表测量完毕后，应立即将被测物放电，在兆欧表的摇把未停止转动和被试品未放电前，不可用手触及被试品的测量部分或进行导线拆除，以防触电。

五、接地电阻测试仪

接地电阻测试仪也称接地摇表，俗称地阻仪，主要用于直接测量各种接地装置的接地电阻。接地电阻测试仪型式很多，常用的有 ZC-8 型、ZC-29 型等几种。

ZC-8 型接地电阻测试仪有两种量程，一种是 0—1—10—1000Ω，另一种是 0—1—100—10 000Ω。它们都带有两根探测针，即电位探测针和电流探测针。

1. 接地电阻测试仪的使用方法

测量前，首先将两根探测针分别插入地中，使被测接地极 E'、电位探测针 P' 和电流探测针 C' 三点在一条直线上，E' 至 P' 的距离为 20m，E' 至 C' 的距离为 40m；然后用专用线分

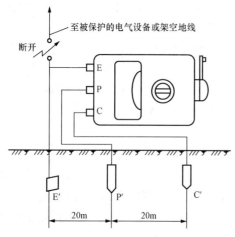

至被保护的电气设备或架空地线

断开

E

P

C

E′

P′

C′

20m 20m

图 2.19 接地电阻测试仪测量接线图

别将 E′、P′、C′ 接到仪表相应的端钮上，如图 2.19 所示。

测量时，先把仪表放在水平位置，检查检流计的指针是否指在红线上，若不在红线上，则可用"调零螺丝"进行调零，然后将仪表的"倍率标度"置于最大倍数，转动发电机手柄，同时调整"测量标度盘"，使指针位于红线上。如果"测量标度盘"的读数小于 1，则应将"倍率标度"置于较小的倍数，再重新调整"测量标度盘"，以得到较准确的读数。

当指针完全平衡在红线上以后，用测量标度盘的读数乘以倍率标度，即得所测的接地电阻值。

2. 使用接地电阻测试仪的注意事项

（1）当检流计的灵敏度过高时，可将电位探测针 P′ 插入土中浅一些；当检流计的灵敏度不够时，可在电位探测针 P′ 和电流探测针 C′ 周围注水使其湿润。

（2）测量时，应先拆开接地线与被保护设备或线路的连接点，以便得到准确的测量数据。在断开连接点时应戴绝缘手套。

六、直流电桥

电桥是一种比较仪器，利用其进行测量时是将被测量与已知标准量进行比较，从而确定被测量的大小。电桥在电工测量中应用非常广泛，其主要特点是灵敏度高、测量结果准确。电桥分为直流电桥和交流电桥两大类。直流电桥主要用来测量电阻。根据结构特点的不同，直流电桥又分为单臂电桥与双臂电桥两种。

QJ44 型直流双臂电桥是一种测量小电阻的携带式直流电桥，其测量范围为 $10^{-4}\sim11\Omega$，基本量限为 $0.11\sim11\Omega$，准确度为 0.2 级。它适用于工矿企业、实验室或车间现场，对直流低值电阻作准确测量；可用来测量金属导体的导电系数、接触电阻和电动机、变压器绕组的电阻值以及其他各类低值电阻。

QJ23 型单臂电桥是一种使用十分广泛的直流电桥，其测量范围是 $1\sim9999\Omega$，基本量限是 $10\sim9999\Omega$，准确度为 0.2 级，适用于中值电阻测量。下面以 QJ23 型直流单臂电桥为例简单介绍电桥的使用方法及注意事项。

QJ23 型直流单臂电桥的面板图如图 2.20 所示。

1. QJ23 型单臂电桥的使用方法

（1）测量前的准备工作。

1）测量前，首先大致估计一下被测电阻的大小和所要求的准确度，然后选择适当的电桥。所选电桥的准确度应高于被测电阻所允许的误差。

2）如果需要外接检流计，则检流计的灵敏度要合适，不必要求过高，否则调整电桥平衡困难。当然灵敏度过低也不行。一般在调节电桥最低一挡时，检流计指针有明显变化就行。

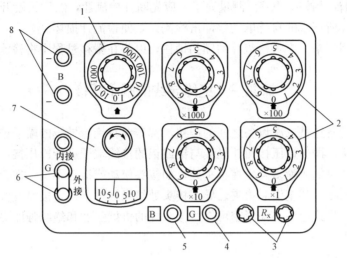

图 2.20　QJ23 型直流单臂电桥面板图

1—倍率旋钮；2—比较臂读数盘；3—被测电阻接线柱；4—检流计按钮；

5—电源开关按钮；6—外接检流计接线柱；7—检流计；

8—外接电源接线柱

3）如果需要外接电源，电源电压应根据电桥要求来选取，并将外接电源的正极接到面板上标有"＋"的接线柱上，负极接到标有"－"的接线柱上。为了保护检流计，在电源支路中最好串联一个可调电阻，测量时逐渐减小电阻，以提高灵敏度。

（2）测量方法。

1）使用电桥时，先将检流计按钮开关锁扣打开，检查指针或光点是否指零位，若不指零位，则应调至零位。

2）将被测电阻 R_x 接到电桥面板上标有"R_x"的两个接线柱上。

3）根据被测电阻的估计值选择适当的倍率，使比较臂四挡位可调电阻充分被利用，以提高读数的精度。

4）测量时，按下电源开关"B"并锁住（即将按钮按下后向某一方向旋转），然后按一下检流计按钮开关"G"（先不能旋紧锁住）。若此时指针向正方向偏转，则说明比较臂电阻值不够，应加大；反之，应减小。这样反复调节，直至指针停留在零位。在调节过程中，需调一下比较臂电阻，按一下检流计按钮开关"G"，观察平衡情况。因为电桥未接近平衡前，检流计通过的电流较大，如果长时间按下按钮或将它旋紧锁住，检流计易损坏。只有当检流计指针偏转不大时，方可按下旋钮锁住按钮进行反复调节。

5）读数时应将比较电阻读数乘以倍率。

6）测量完毕，先松开检流计按钮"G"，再放松电源按钮"B"。

2．测量时应注意的事项

（1）若被测电阻在电路中，则应将被测电阻的任一端与原所接电路断开。

（2）接线应选择短而粗的导线，并将接头拧紧。因为接头接触不良，会使电桥的平衡不稳定，甚至损坏检流计。

（3）测量电感线圈的直流电阻（包括电机绕阻和变压器绕阻）时，应先按下电源按钮

"B"，稍后再按检流计按钮"G"。测量完毕，应先断开检流计，然后再断开电源，以免因电源突然接通或断开所产生的自感电动势冲击检流计，使检流计损坏。

（4）电桥使用完毕，应将检流计的锁扣锁住，以防在搬移过程中将检流计的悬丝震坏。

课题三　绝缘导线的端子压接

无论是一次设备还是二次设备之间的连接，都需要对绝缘导线的端子进行处理。普遍使用的方法为冷压法，即通过压接钳让导线与铜或铝的接线端子进行冷压接，以方便设备与设备之间的连接。线路的故障多发生在接头处，如接头松动或接触不良，常会产生火花，烧毁接头处的胶布、槽板，甚至引起火灾。导线接头处绝缘处理不好，极易发生漏电，甚至造成触电事故。因此，导线接头必须紧密可靠，接头处的机械强度和绝缘强度要不低于原导线的机械强度和绝缘强度。

一、导线线头绝缘层的剥离

绝缘导线接线头的切剥常用钢丝钳和电工刀。芯线截面积为 4mm² 以下的塑料硬线和塑料软线，在切剥绝缘层时应使用钢丝钳和剥线钳。切剥时，先将绝缘导线需剥去绝缘层的线头放入钢丝钳口，轻微用力切割绝缘层，注意不要切割线芯，然后一只手拉紧导线，另一只手握紧钢丝钳头用力向外勒去塑料绝缘层。切剥出的线芯应保持完整无损，如果损伤较大应重新切剥。花线绝缘层切剥，应先用电工刀割掉外层的棉织物，然后用钢丝钳勒掉内层的橡皮层。

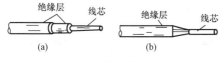

图 2.21　导线绝缘层切剥法

（a）级段切剥；（b）斜切剥

芯线截面积大于 4mm² 的硬塑料线、塑料护套线、橡皮线、铅包线，应采用电工刀切剥。常用的切剥方法有级段切剥和斜切剥。级段切剥用于多层绝缘导线，斜切剥多用于单层绝缘导线，如图 2.21 所示。

单层绝缘导线绝缘层斜切剥时，先用电工刀以 45°角左右倾斜切入塑料绝缘层，接着刀面与芯线保持 25°角左右，用力向线端推削，削去表面的一层，注意不可切伤芯线，最后将下面的绝缘层用电工刀沿 45°角切除。塑料护套线切剥，应先用刀头将外层绝缘护套剥开，扳翻切割掉，然后再剥内层的单层绝缘导线。多层绝缘导线、橡皮线和铅包线绝缘层应由外向内一层一层的切剥。

二、绝缘导线的端子压接

绝缘导线的端子压接常用于多股导线与接线端子之间的连接。常用接线端头如图 2.22 所示。端子具有三个主要部分：接合区、过渡区和压接区。使用端接设备，夹紧压接，将端子牢固地与线缆连接的区域主要发生在压接区，如图 2.23 所示。

压接时，根据所压导线的截面积选择合适的压接钳以及与导线截面积相匹配的压接口进行压接。如果压接的是铜/铝鼻子，则要正确选择手压钳相匹配的模具进行压接。对于截面积小于 10mm² 导线，因选用小型压线钳进行压接。

压接时应避免以下情况：

1. 线芯松散

如图 2.24 所示，如果所有线芯没有完全封闭于导体压接区，压接件的强度和电流负载能力都会大幅降低。要获得良好的压接，必须满足指定的压接高度。如果并非所有线芯都对压接高度以及压接强度起到作用，那么压接件的性能将无法达到规定要求。一般来说，松散线芯的问题是很容易解决的，只需重新收拢线缆成束，插入进行压接的端子中。

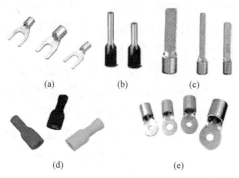

图 2.22　常用接线端头

（a）U 形端头；（b）管状端头；（c）片形端头；
（d）母绝缘端头；（e）O 形端头

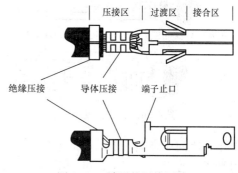

图 2.23　端子的压接区域

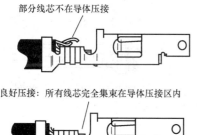

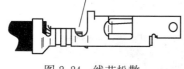

图 2.24　线芯松散

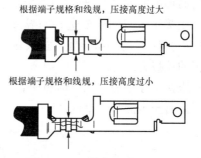

图 2.25　压接高度过大（小）

2. 压接高度过大（小）

压接高度是指导体压接区在压接后的横截面高度，它是良好压接最重要的特征。如图 2.25 所示，过小或过大的压接高度无法提供规定的压接强度（端子压接强度一般要求不低于原导线强度的 80%），会减小线缆拉拔力和额定电流，一般情况下还会引起压接头在非正常的工作条件下性能降低。过小的压接高度还会压断线芯或者折断导体压接区的金属。解决的办法就是选用与导线截面积相匹配的压接钳上所标注的线规进行压接。

3. 剥线长度不合适

如果剥线长度过短，或者线缆没有完全插入导体压接区，端接可能不能达到规定的拉拔力，因为线缆与端子之间的金属间接触减少了；如果剥线长度过长，就会出现线缆插入压接区过深的情况，或者即使剥线长度合适，也可能存在插入压接区过深的情况，如图 2.26 所示。绝缘层向前过深地插入绝缘压接区，导体伸出至过渡区。在实际应用中，这可能引起三种失效模式。其中两种是由于导体压接区中金属间接触减少，使得额定电流和线缆拉拔力降低。金属与塑料的接触没有金属间接触牢固，而且它不导电。第三种失效模式是在连接器接合时可能出现。如果线缆伸出至过渡区过深，插针端子的尖端碰撞上线缆，可能会阻止连接

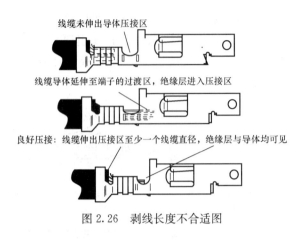

图 2.26　剥线长度不合适图

器完全就位，或者可能导致插针或插孔端子弯曲，这种情况称为端子碰撞。在极端情况下，即使端子在外壳内完全就位，但是会被推出外壳背部。要解决这个问题，就是按照图 2.26 所示中的良好压接方式进行压接，即线缆伸出压接区两侧约一个线缆直径。

4."香蕉"端子（端子过度弯曲）

"香蕉"端子产生的原因是压接时用力不平衡，或者压接过程中端子一端的大量金属（在压接区中）移动，如此大

的作用力趋向于强迫端子的前部上翘，使得压接端子呈"香蕉"形状，如图 2.27 所示。这使得端子很难插入外壳中，可能引起端子碰撞。

对于截面积大于 10mm^2 导线，因选用机械式压线钳或者液压式压接钳进行压接，压接时与截面积较小的导线压接情况类似。

除前面提到的四种情况外还应特别注意：

（1）压接钳中阴阳模要选择与导线截面积相匹配，过小会损坏端子和导线，过大则不能达到压接规定的拉拔力。

（2）压接端子一般为铜/铝鼻子，如图 2.28 所示，压接时至少交替压接两次。

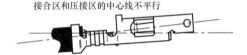

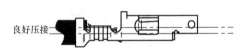

图 2.27　端子过度弯曲

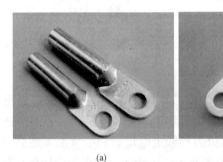

图 2.28　铜/铝鼻子外形图
(a) 铜鼻子；(b) 铝鼻子

（3）压接靠近接线鼻子那端时，应留有一定的距离，避免压破。

（4）压接完后，需将受到挤压而突出的铜/铝材料打磨，去掉尖端。

三、绝缘导线的绝缘恢复

导线绝缘层的破损处和导线连接的接头处必须恢复绝缘，恢复后的绝缘强度应不低于原有绝缘层。常用的材料有黄蜡布带、带黏性的黑胶布带和带有黏性的塑料带等。

绝缘胶带包缠时，应将绝缘胶带从导线完整的绝缘层上包缠两根带宽后，才开始包缠无绝缘层的芯线部分。如图 2.29 所示，包缠时与导线保持约 55°倾斜角，每圈压住带宽的 1/2，

包缠至紧贴铜/铝鼻子的接线孔，再以同样的方式包缠回原来绝缘层上开始包缠的位置，方可剪断。

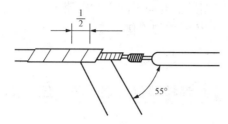

图 2.29　绝缘带的包缠方法

 复 习 题

1. 如何正确使用电工工具？
2. 使用万用表有哪些注意事项？
3. 使用钳形电流表有哪些注意事项？
4. 如何正确使用兆欧表？

 操 作 练 习

一、常用电工工具

1. 螺丝刀使用基本功练习

（1）用大螺丝刀紧固和拆卸直径 6mm 以上的螺钉。

（2）用小螺丝刀来紧固电气装置接线桩头上的小螺钉。

（3）用长螺丝刀拆卸直径 3～5mm 的螺钉。

2. 铜丝钳使用基本功练习

（1）弯绞导线练习。

（2）剖削导线绝缘层练习。

（3）铡切钢丝练习。

（4）用尖嘴钳将直径 1～2mm 的单股导线弯成直径 4mm 的圆弧接线鼻子。

3. 用剥线钳剥出线径分别为 0.5、1、1.5mm 的绝缘导线接头。

4. 用电工刀剖削护套线练习，以不伤芯线为标准。

5. 用活扳手拆卸有轻度锈蚀的螺母。

6. 用压接钳压接 $\phi16$ 铝绞线或钳压 $\phi16$ 端线接线鼻子。

二、常用电工仪表

1. 万用表

（1）用万用表测量交流 220、380V 电压。

（2）用万用表测量直流 3、6V 电压。

（3）用万用表测量 500mA 以下直流电流。

（4）用万用表测量若干个小电阻阻值。

（5）用万用表的直流 500V 挡测量交流 200V 电压，并读数。

2. 钳型电流表

（1）用钳形电流表测量三相异步电动机的空载电流。

（2）用钳形电流表测量 2kW 电炉的工作电流。

（3）用钳形电流表测量 1A 以下的小电流。

 考核项目　端　子　压　接

一、制作冷压针、冷压叉端子

1. 工具

电工刀、剥线钳、尖嘴钳、卷尺、小型压线钳、热吹风机。

2. 材料

$1.5mm^2$ 的多股软铜线、冷压针、冷压叉。

3. 压接要求

（1）根据接线图要求选择正确的导线、标号管和端子。

（2）剥线。

1）剥线方法。绝缘导线绝缘层的剥离用剥线钳。在剥线钳无法使用的情况下可以使用电工刀削去绝缘层，不管使用哪种方式剥线都不能损伤导线。

2）剥线长度。导线需要剥去绝缘皮的长度取决于所选用端子上压接圆管的长度，假定压接圆管的长度为 A，那么所需要剥去绝缘皮的长度为 $A+1\sim2mm$。

4. 选择正确的标号管套在导线上，该段导线的标号管上的标注号码要跟接线图上一致。

5. 根据导线的线径和元器件的接线端口选择合适的端子，导线在端子中准确定位，并使用正确的压接工具进行压接（管状端头采用正四方形的压线钳进行压接，U 形端头、管状端头、片形端头、母绝缘端头和 O 形端头采用虎口式压线钳进行压接）。

6. 压接后应在连接面的另一侧清楚的看见导线从端子管中突出来，突出导线长度不宜太长，长度不得超过 1mm，如果太长的话用剪刀剪去。

7. 端子要压接到位，不存在松动或虚压的现象。

8. 端子的形状要与元器件的接线端口匹配。

9. 在压接多股导线时要将导线拧在一起，在穿接时不得有单根或多根导线露在外面出现分叉。

二、冷压铝鼻子（铝接线端子）

（1）工具。电工刀、尖嘴钳、钢丝钳、机械式压接钳、锉刀。

（2）材料。$10mm^2$ 的多股铝芯线、铝鼻子、绝缘胶带。

（3）剥线。

1）剥线方法。绝缘导线绝缘层的剥离，使用电工刀削去绝缘层，剥线时不能损伤导线。

2）剥线长度。导线需要剥去绝缘皮的长度取决于所选用端子上压接圆管的长度，假定压接圆管的长度为 A，那么所需要剥去绝缘皮的长度为 $A+1\sim2mm$。

（4）根据导线的线径选择合适的端子，导线在端子中准确定位，并使用正确的压接工具进行压接，这里使用机械式压接钳。

（5）压接钳中阴阳模要选择与导线截面积相匹配，太小会损坏端子和导线，过大则不能达到压接规定的拉拔力。

（6）压接时至少交替压接两次，使从线鼻子端垂直看下去成"十"字形。

（7）压接靠近接线鼻子那端时，应留有一定的距离，避免压破。

（8）压接完后，需将受到挤压而突出的铜/铝材料打磨，去掉尖端。

（9）打磨完毕后，需进行绝缘恢复。

三、评分参考标准表

姓名				班级（单位）			
操作时间	时　分至　　时　分			累计用时		时　　分	
评分标准							
序号	考核项目	考核内容			配分	扣分	得分
1	冷压针、冷压叉端子压接	正确使用剥线钳，不能正确使用扣5分			40		
		剥去绝缘皮的长度合适，为$A+1\sim2mm$，不合适扣5分					
		压接后突出导线长度不宜太长，长度不得超过1mm，不合适扣5分					
		端子要压接到位，如存在松动或虚压的现象，扣20分					
		多股导线压接，不得有单根或多根导线露在外面出现分叉，出现一处扣2分					
2	冷压铝鼻子	正确使用压接钳，不能正确使用扣10分			50		
		剥去绝缘皮的长度合适，为$A+1\sim2mm$，不合适扣5分					
		压接后突出导线长度不宜太长，长度不得超过1mm，不合适扣5分					
		根据导线的线径选择合适的端子，端子要压接到位，如存在松动，虚压，端子破损的现象扣20分					
		多股导线压接，不得有单根或多根导线露在外面出现分叉，出现一处扣2分					
		压接完后，需将受到挤压而突出的铜铝材料打磨，去掉尖端，未打磨扣5分					
		打磨完毕后，未进行绝缘恢复，扣5分					
3	整理工具，材料，清理现场	未整理现场或不干净扣10分			10		
指导老师					总分		

项目三 低压电器的认识与维修

低压电器是低压供电电网中设备电气控制系统的基本组成元件，控制系统能否正常工作与所选用的低压电器性能的优劣、状态的好坏、维修是否及时等直接相关。电气工程技术人员只有熟练掌握低压电器的基本知识和常用低压电器的结构、工作原理及表达方式，并能准确选用、检测和维修常用低压电器元件，才能够分析设备电气控制系统的工作原理，进行日常维护及处理一般故障，根据控制要求进行电气控制线路的设计。

低压电器的构成，在电气控制系统中如何工作，选用时的注意事项，在电气图中又如何来表达，这些都是本项目中将要探讨的问题。

课题一 低压电器基本知识

电器在实际电路中的工作电压有高低之分，由此分为高压电器和低压电器两大类。只工作在交流电压 1200V 及以下，或直流电压 1500 V 及以下电路中的电器称为低压电器。

一、低压电器的分类

低压电器种类繁多，分类方法有很多种。

1. 按动作方式分

（1）手动控制电器：依靠外力（如人工）直接操作来进行切换的电器，如刀开关、按钮等。

（2）自动控制电器：依靠指令或物理量（如电流、电压、时间、速度等）变化而自动完成切换功能的电器，如接触器、继电器等。

2. 按用途分

（1）低压控制电器：主要在低压配电系统及动力设备中起控制作用，控制电路的接通、分断及电动机的各种运行状态，如刀开关、接触器、按钮等。

（2）低压保护电器：主要在低压配电系统及动力设备中起保护作用，保护电源和线路或电动机，使它们不在短路状态或过载状态下运行，如熔断器、热继电器等。

有些电器既起控制作用，又起保护作用，如行程开关既可控制行程，又能作为极限位置的保护；自动开关既能控制电路的通断，又能起到短路、过载、欠压等保护作用。

3. 按执行机理分

有触点电器：这类电器具有动触点和静触点，利用触点的接触和分离来实现电路的通断。

无触点电器：这类电器无触点，主要利用晶体管的开关效应，即导通或截止来实现电路的通断。

二、低压电器的主要参数

低压电器要可靠地接通和分断被控电路，而不同的被控电路工作在不同的电压和电流等级、不同的通断频率及不同性质负载的情况下，这对低压电器提出了各种技术要求。例如，触点在分断电路时要有一定的耐压能力以防止漏电或绝缘击穿，因此低压电器应有额定电压这一基本参数；触点闭合时存在一定的接触电阻，负载电流在接触电阻上产生的压降和热量不应过大，因此对电器的触点规定了额定电流；低压电器分断电流时出现的电弧要烧损触点，因此低压电器都有一定的使用寿命。

下面介绍低压电器的几个常用主要技术参数，选用时常以此为参考量。

1. 额定电压

（1）额定工作电压。其是指在规定条件下，能保证低压电器正常工作的电压值，通常指触点的额定电压。选用低压电器时，额定电压应该大于实际工作电压。有电磁机构的低压电器还规定了电磁线圈的额定电压。例如接触器，其线圈额定电压应与实际工作电压相等，以保证其可靠工作。

（2）额定绝缘电压。其是指在规定条件下，用来度量低压电器及其部件的绝缘强度、电气间隙和漏电距离的标称电压值。在任何情况下，额定绝缘电压都不低于额定工作电压。

（3）额定脉冲耐受电压。其用来反映低压电器当其所在系统发生最大过电压时所能耐受的能力。

额定绝缘电压和额定脉冲耐受电压共同决定了低压电器的绝缘水平。

2. 额定电流

（1）额定工作电流。在规定条件下，能保证低压电器正常工作的电流值，称为额定工作电流。

（2）约定发热电流。当低压电器处于非封闭状态下，按规定试验条件进行试验，其各部件在 8h 工作制下的升温不超过极限值时，所能承受的最大电流值，称为约定发热电流。

（3）约定封闭发热电流。当低压电器处于封闭状态下，按规定试验条件进行试验，其各部件在 8 h 工作制下的升温不超过极限值时，所能承受的最大电流值，称为约定封闭发热电流。

（4）额定不间断电流。低压电器在长期工作制下，各部件的升温不超过极限值，所能承受的最大电流值，称为额定不间断电流。

3. 通断能力

通断能力以非正常负载时低压电器能接通和断开的电流值来衡量。接通能力是指低压电器闭合时不会造成触点熔焊的能力；断开能力是指低压电器断开时能可靠灭弧的能力。

4. 操作频率与通电持续率

操作频率是低压电器每小时内可能实现的最高操作循环次数。通电持续率是低压电器工作于断续周期工作制时，有载时间与工作周期之比，通常以百分数表示。

5. 机械寿命和电寿命

机械寿命是指低压电器在无电流情况下能操作的次数。电寿命是指按所规定使用条件不需修理或更换零件的负载操作次数。低压电器的电寿命一般小于机械寿命。

三、低压电器选用的一般原则

1. 安全原则

安全可靠是对任何电器的基本要求，保证电路和用电设备的可靠运行，是正常生活与生产的前提。例如，用手操作的低压电器要确保人身安全，金属外壳要有明显接地标志等。

2. 经济原则

经济性包括电器本身的经济价值和使用该种电器产生的价值。前者要求合理适用，后者必须保证运行可靠，不能因故障而引起各类经济损失。

3. 注意事项

（1）明确控制对象的分类和使用环境。

（2）明确有关的技术参数，如控制对象的额定电压、额定功率、操作特性、启动电流倍数和工作制。

（3）了解所选用的电器的正常工作条件，如周围温度、湿度、海拔高度、震动和防御有害气体等方面的能力。

（4）了解所选用的电器的主要技术性能，如用途、种类、控制能力、通断能力和使用寿命等。

课题二　低压断路器与交流接触器的认识与维修

一、低压断路器

断路器俗称自动空气开关。目前，在低压配电系统中，它的保护功能最为完善，不仅能在正常工作情况下接通或断开负载电流，而且允许在不正常情况下（过载、短路、欠电压等）自动切断电路，从而保护用电设备和电缆等。在故障排除后，断路器又能迅速恢复供电。它可以就地操作，还可以远距离操作，而且操作安全、方便。近年来不断推出的智能型断路器，性能更优，可以实现配电自动化。由于断路器具有以上很多优点，因而在低压电气装置中获得了广泛应用。

断路器种类很多，按结构可分为框架式（也称万能式）和塑料外壳式断路器；按用途可分为保护配电线路、保护电动机、保护照明线路和漏电保护用断路器等；按极数可分为单极、二极、三极和四极断路器；按限流性能可分为一般型不限流和加速型限流断路器两种；

图 3.1　低压断路器

按操动方式可分为手柄操动式、杠杆操动式、电磁铁操动式和电动机操动等几种。常见的低压断路器如图 3.1 所示，其电气符号如图 3.2 所示。

1. 基本结构和工作原理

断路器的结构比较复杂，一般由触头系统、灭弧装置、脱扣装置和操动机构四部分组成。智能断路器有电子脱扣单元，是断路器中技术含量最高的部分，对断路器性能的影响也最大。

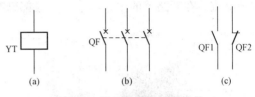

图 3.2　低压断路器电气符号

(a) 线圈；(b) 主触点；(c) 辅助触点

（1）触头系统。断路器的触头系统包括主触头和辅助触头。主触头接在主电路中，辅助触头接在控制电路中。主触头中通过的电流很大，它应能通断负载电流和分断短路电流，并且具有多次接通、分断电路后不致引起触头烧损和温升超过允许值的能力。主触头在切断电路时会产生电弧，因此往往将主触头分为工作触头和灭弧触头（即双挡触头）。工作触头和灭弧触头并联。接通电路时，灭弧触头先接通，工作触头后接通；电路断开时，工作触头先断开，灭弧触头后断开。因此，在接通和断开电路时，电弧只产生在灭弧触头上。产生电弧时温度很高，所以采用耐高温的银钨合金或陶冶合金制作灭弧触头，触头上还有可更换的黄铜灭弧端。工作触头不承受电弧，只承载很大的工作电流，故要求电阻小、容易散热，一般用电导率高的纯银制作。采用双触头时，可用价格比较便宜的灭弧触头保护比较贵重的工作触头。灭弧触头损坏不能使用时，可以更换。

额定电流大于 1000A 的断路器，除工作触头和灭弧触头外，还增加了副触头。接通电路时，灭弧触头、副触头和工作触头按顺序接通，断开电路时顺序相反。这样一旦灭弧触头失效，副触头即可代替灭弧触头保护工作触头。

断路器常用的触头形式有三种：插入式、桥式和对接式。插入式触头能通过巨大的短路电流，有电动补偿作用，能防止触头弹开，适用于不产生电弧的接触处。有的插入式触头设计成梳状，每个触头由 10 片小触头并联而成，这样可以减小触头上的电动力（如 M 系列断路器）。桥式触头有两个触点（即两个断口），有助于灭弧，可以简化灭弧结构，但必须保证两断点触头同时接通或断开，否则电弧将产生在一个断口处。这种触头用在小容量断路器上。对接式触头有一对动、静触头，它用在大容量的断路器上。

（2）灭弧装置。在电路发生短路时，短路电流比额定电流大得多，此时断路器要能分断电路，必须有很强的灭弧能力。断路器的动触头能够快速分闸，工作触头上还装有特殊的灭弧罩。灭弧罩的外壳由耐弧的绝缘材料（如石棉、水泥或陶土等）制成。罩内有一排与电弧方向垂直、互相绝缘的镀铜钢片制成的灭弧栅，栅片上有不同形状的槽，交错布置成"宫"字形状。触头断开时产生的电弧，受电弧电流产生的磁场作用，被吸入灭弧罩中，由灭弧栅片分割成一段段的短弧。由于短弧电压低、热量小，而钢片又能迅速散热，所以能很快灭弧，切断电路。

（3）自动脱扣装置。断路器有一套比较复杂的自动脱扣装置和传动杠杆，所以能在发生短路等故障时自动跳闸，切断电源，起到保护作用。自动脱扣装置有以下四种。

1）过电流脱扣器。如图 3.3 中的 11 所示，它由铁芯和绕在铁芯上的线圈组成。这个线圈就是过电流跳闸线圈，与断路器主电路串联。电路发生短路故障时，过电流脱扣器的线圈中通过很大的短路电流，衔铁被吸合（向上运动），并带动传动杠杆向上运动使搭钩释放，接点拉钩在弹簧的作用下向左运动，使触头断开，切断电源，从而起到保护作用。按过电流保护种类分，这种脱扣器是属于短延时或瞬时动作的脱扣器。调节衔铁位置，可改变最小的跳闸电流。在断路器的脱扣器上，一般都刻有脱扣电流值，便于进行调节。

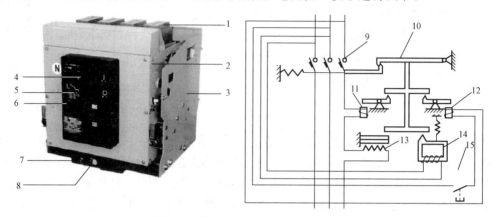

图 3.3　低压断路器外形图和结构图

1—灭弧罩；2—断路器本体；3—抽屉座；4—合闸按钮；5—分闸按钮；6—智能脱扣器；
7—摇匀柄插入位置；8—连接/试验/分离指示；9—主触头；10—自由脱扣器；11—过
电流脱扣器；12—分励脱扣器；13—热过载脱扣器；14—欠电压脱扣器；15—按钮

2）热脱扣器。主要用于线路和电路的过载保护，有直接加热和间接加热两种方式。其工作原理和热继电器相同。如图 3.3 中的 13 所示，双金属片在过载时受热弯曲，传动杠杆向上运动，以下过程同上述，最后使断路器跳闸。这种脱扣器是过载长延时动作的脱扣器，具有反时限保护特性（即过载越严重，延时越短，反之越长）。

3）欠电压脱扣器。欠电压就是比额定电压低。欠电压脱扣器有交流和直流两种。如图 3.3 中的 14 所示，它由铁芯、绕在铁芯上的线圈、衔铁和弹簧组成。线圈跨接在两根相线上。当电压正常时，铁芯吸住衔铁，而当电压降低到一定数值以下时，电磁力减小，衔铁被弹簧拉起，撞击杠杆，从而使断路器脱扣。

4）分励脱扣器。其主要供远距离控制断路器用，用直流电源控制，为螺管式结构，由连锁触头、铁芯、线圈和反作用弹簧等几部分组成，如图 3.3 中的 12 所示。

在断路器制造过程中，可根据需要采用上述四种脱扣器的组合。

2. 断路器产品简介

低压断路器在低压配电网和电力拖动系统中使用广泛，主要有 DW 和 DZ 系列。部分厂家有不同的系列命名，但其基本原理相同。DW15、DW16、DW17（ME）、DW45 等系列，主要是框架式结构，在电路中起过载、欠电压、短路的保护作用以及在平常条件下的不频繁

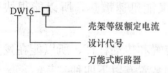

图 3.4 DW16 断路器型号含义

转换之用。目前已发展到 DW45 系列智能型断路器，该系列断路器的核心部件采用智能型脱扣器，具有精确选择的保护，可避免不必要的停电，提高供电可靠性。DW 系列断路器分固定式断路器和抽屉式断路器两种结构，固定式与抽屉式区别是分别采用安装板或抽屉座。塑壳式断路器主要有 DZ20、CM1、TM30 等系列。

以 DW 系列断路器的型号含义为例，DW16 断路器型号含义如图 3.4 所示。

二、交流接触器

接触器是电力拖动与自动控制系统中一种非常重要的低压电器。它是控制电器，利用电磁吸力和弹簧反力的配合作用，实现触点的闭合与断开，是一种电磁式的自动切换电器。

接触器可以实现远距离自动操作、频繁接通和分断电动机或其他负载主电路，不仅具有欠压和失压保护功能，而且具有控制容量大、工作可靠、操作频率高、使用寿命长等特点，所以应用非常广泛。接触器有交流接触器和直流接触器两大类。常见交流接触器的外形如图 3.5 所示。交流接触器的电气符号如图 3.6 所示。

图 3.5　常见交流接触器外形图

1. 基本结构和工作原理

（1）基本结构。交流接触器由触点系统、电磁机构、返回弹簧、灭弧装置和支架底座等组成。

触点系统起接通和分断电路作用，包括主触头和辅助触点。通常主触头用于通断电流较大的主电路，辅助触点用于通断小电流的控制电路。

电磁机构用于控制触点动作与复位，包括静

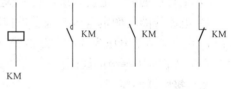

线圈　　主触点　动合辅助触点　动断辅助触点

图 3.6　交流接触器电气符号

铁芯、吸引线圈、动铁芯（衔铁）。铁芯用硅钢片叠成，以减少铁芯中的铁损耗，在铁芯端部极面上装有短路环，其作用是消除交流电磁铁在吸合时产生的振动和噪声。

灭弧装置起熄灭电弧的作用。

其他部件还包括恢复弹簧、缓冲弹簧、触点压力弹簧、传动机构及外壳等。

交流接触器的结构示意图如图 3.7 所示。

（2）工作原理。当接通电磁线圈的电源后，线圈中固有电流通过而产生磁场，当电磁力大于返回弹簧的弹力时，动铁芯被吸合，从而使动合主触头和动合辅助触点均闭合，动断辅助触点断开。当断开电磁线圈的电源后，电磁力消失，动铁芯在返回弹簧的作用下复位，也使所有触点复位，即动合主触头和动合辅助触点断开，动断辅助触点闭合。

在实际工作中，如果电磁线圈不断电，但是随着电压值的下降，电磁力也会下降，电压值至一定值时，电磁力将小于返回弹簧的弹力，在弹簧的作用下，所有触点也会立即复位。因为具有的这种低电压释放功能，所以接触器还能实现失压和欠压保护。

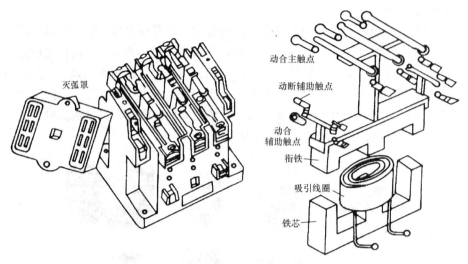

图 3.7　交流接触器结构示意图

2. 接触器的选择和使用

（1）接触器的选择。

1）接触器的类型应根据负载的性质来选择。

2）接触器额定操作频率应按照使用类别和工作制来选择。操作频率是指接触器的每小时通断次数。当通断电流较大及通断频率较高时，会使触头过热甚至熔焊。操作频率若超过规定值，应选用额定电流大一级的接触器。

3）主触点的额定电流（或电压）应大于或等于负载电路的额定电流（或电压）。

4）电磁线圈的额定电压要根据被控回路的电压等级来选择。当线路简单、使用电器较少时，可选用额定电压为 380V 或 220V 的线圈；若线路较复杂、使用电器超过 5h，应选用110 V 及以下电压等级的线圈。

（2）接触器的使用：

1）接触器安装前应先检查电磁线圈的额定电压是否与实际需要相符，并用万用表检查线圈有无断线、短路现象。

2）接触器的触头应定期清理，若触头表面有电弧灼伤时，应及时修复。

3）检查接触器的外观是否正常，有无机械损伤，铁芯表面有无锈渍及油污，若有污物应该擦拭干净。

4）检查接触器机械部分是否活动自如，吸合时有无异常响声，触点接触是否良好，释放时触点是否可靠断开。

5）检查接触器周围环境有无过大的振动、通风散热不良以及过大的导电尘埃等现象。

6）接触器的安装多为垂直安装，其倾斜角不得超过 5°，否则会影响接触器的动作特性；安装有散热孔的接触器时，应将散热孔放在上下位置，以降低线圈的温升。

3. 接触器的型号含义和技术参数

（1）型号含义。接触器的型号含义如图 3.8 所示。

（2）技术参数。CJ 系列交流接触器的技术参数见表 3.1。CZ 系列直流接触器的技术参数见表 3.2。

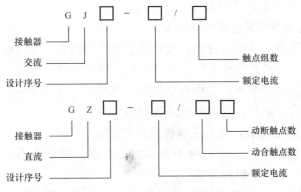

图 3.8 交流接触器的型号含义

表 3.1 **CJ 系列交流接触器技术参数**

| 型号 | 额定电压 (V) | 额定电流 (A) | 可控制电动机最大功率 (kW) | 额定操作频率 (次/h) | 电磁线圈 | | | 辅助触点组数 | | 电寿命 (万次) | 机械寿命 (万次) |
					额定电压 (V)	吸合电压 (V)	释放电压 (V)	动合	动断		
CJ20 - 10		10	2.2					2	2	100	1000
CJ20 - 25		25	11		85%~ 110%U_N	75%U_N		2	2	100	1000
CJ20 - 40		40	22	1200				2	2	100	1000
CJ20 - 63	220 380 660	63	30		36 127 220 380			2	2	120	1000
CJ20 - 100		100	50			80%~ 110%U_N	70%U_N	2	2	120	600
CJ20 - 160		160	85					4	2	120	600
CJ20 - 400		400	200	600		85%~ 110%U_N	75%U_N	2	4	60	600
CJ20 - 630		630	300					2	4	60	600

注 U_N 为电磁线圈的额定电压。

表 3.2 **CZ 系列直流接触器技术参数**

| 型号 | 额定电压 (V) | 额定电流 (A) | 可控制电动机最大功率 (kW) | 额定操作频率 (次/h) | 电磁线圈 | | | 辅助触点组数 | | 电寿命 (万次) | 机械寿命 (万次) |
					额定电压 (V)	吸合电压 (V)	释放电压 (V)	动合	动断		
CJ18 - 40		40	22	1200	24 48			2	2	50	500
CJ18 - 80	440 220 380 660	80	30			85%~ 110%U_N	75%U_N	2	2	50	500
CJ18 - 160		160	40		110			2	2	50	500
CJ18 - 315		315	43	600	220 380			2	2	50	500
CJ18 - 630		630	50					2	2	30	500

注 U_N 为电磁线圈的额定电压。

4. 交流接触器的常见故障及修理方法

〔例1〕　交流接触器不吸合或吸合不牢。

可能原因：①电源电压过低或波动过大；②电磁线圈断路；③电磁线圈的额定电压高于控制电路的工作电压；④铁芯机械卡阻，铁芯歪斜；⑤返回弹簧弹力过大。

修理方法：①调整电源电压；②检查更换电磁线圈；③更换电磁线圈，使其符合要求；④排除卡阻物，调整可动部分；⑤调整返回弹簧的弹力。

〔例2〕　电磁线圈断电后，铁芯不释放或释放缓慢。

可能原因：①触头熔焊；②铁芯端面有油污；③触点弹簧压力过小或返回弹簧损坏；④铁芯剩磁太大；⑤可动部分机械卡住。

修理方法：①排除熔焊故障，修理或更换触点；②清理和擦拭铁芯端面，去除油污；③调整触点弹力，更换返回弹簧；④消除剩磁或更换铁芯；⑤调整可动部分，排除卡住物。

〔例3〕　触点过热。

可能原因：①触点接触压力不足；②触点表面接触不良，铜触点氧化，使接触电阻增大；③操作频率过高或工作电流过大；④环境温度过高或使用于密闭箱中；⑤触点表面被电弧灼伤烧毁。

修理方法：①调整触点压力；②调整触点，清理触点表面；③按使用条件选用合适的接触器；④修整触点，必要时更换触点或接触器。

〔例4〕　触点熔焊。

可能原因：①触点表面有突起的金属颗粒、小毛刺或异物；②操作频率过高或过载使用；③触点接触压力过小；④负载侧短路；⑤机械性卡住，使触点停顿在刚接触的位置上。

修理方法：①修整触点，用小锉去掉金属颗粒、小毛刺或异物，当修复困难时，应当更换触点；②按使用条件选用合适的接触器；③调整触点压力；④排除负载短路故障；⑤排除机械性卡住故障。

〔例5〕　铁芯振动或噪声很大。

可能原因：①短路环断裂或脱落；②触点弹簧压力过大；③铁芯端面磨损过度而不平；④铁芯端面生锈或粘有油垢灰尘；⑤电源电压偏低；⑥电磁系统歪斜错位。

修理方法：①更换铁芯或短路环；②调整触点弹簧压力；③刮削铁芯端面，加以修正，必要时更换铁芯；④用汽油清洗铁芯端面，并用干布擦拭干净；⑤用万用表测试电磁线圈通电电压，一般应为$85\%\sim110\%U_N$，否则应当予以调整；⑥调整磁系统的相对位置使之配合得当。

〔例6〕　线圈过热或烧毁。

可能原因：①线圈匝间短路；②动、静铁芯之间气隙过大；③电源电压过高或过低；④操作频率过高；⑤使用环境特殊，如空气油湿、含有腐蚀性气体或环境温度太高。

修理方法：①检查并更换电磁线圈；②调整可动部分或更换接触器；③调整电源电压；④按使用条件选用接触器。

课题三　刀开关、转换开关和按钮

一、刀开关

刀开关又称闸刀开关或隔离开关，它是手动控制电器。刀开关是一种结构最简单且应用最广泛的低压电器，常用来手动接通与断开交、直流电路，通常只作为电源的引入开关或隔离开关，也可用于不频繁地接通或断开小容量的负载，如小型电动机、电阻炉等。常见刀开关外形如图 3.9 所示。其电气符号如图 3.10 所示。

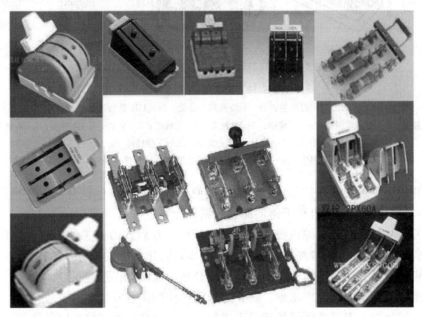

图 3.9 常见刀开关外形图

1. 刀开关的结构

刀开关的结构如图 3.11 所示。其中图 3.11（a）为胶盖磁底 HK 系列刀开关，又称开启式刀开关；图 3.11（b）为连杆操纵 HD 系列刀开关；图 3.11（c）为连杆操纵 HR 系列刀熔刀开关，主要安装在低压成套配电装置中。

刀开关按极数划分有单极、双极和三极几种。其结构都由刀片、触点座、手柄和瓷板组成。瓷底板上装有进线座、出线座、静触点（刀座）、动触点（触刀）以及铰链支座。为了使用方便和减小体积，刀开关里还装有熔丝，组

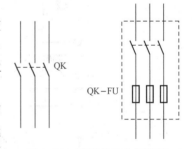

图 3.10 刀开关的电气符号

成兼有通、断电路和保护作用的开关电器；外面还装有胶盖，不仅可以保证操作人员不会触及带电部分，并且分断电路时产生的电弧也不会飞出胶盖外面而灼伤操作人员。

2. 刀开关的选择与使用

（1）刀开关的选择。

1）刀开关的额定电压等于或大于电路的额定电压。

2）用于照明或电热负载时，刀开关的额定电流等于或大于被控制电路中各负载额定电流之和。

3）用于电动机负载时，开启式刀开关的额定电流一般为电动机额定电流的 3 倍；封闭式刀开关的额定电流一般为电动机额定电流的 1.5 倍。

（2）刀开关的使用。

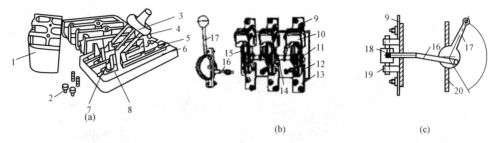

图 3.11 刀开关结构示意图

(a) HK 系列刀开关;(b) HD 系列刀开关;(c) HR 系列刀熔刀开关

1—胶盖;2—胶盖紧固螺钉;3—瓷柄;4—动触头;5—出线座;6—瓷底;7—进线座;8—静触头;
9—上接线端子;10—灭弧罩;11—刀片;12—底座;13—下接线端子;14—主轴;15—静触头;
16—连杆;17—操作手柄;18—RTO 型熔断器的熔断体;19—弹性触座;20—配电屏面板

1) 刀开关应垂直安装在控制屏或开关板上使用。安装时,保证合闸后手柄向上,不得倒装或平装,避免由于重力自动下落,而引起错误合闸。

2) 对刀开关接线时,电源进线和出线不能接反。开启式刀开关的上接线端应接电源进线,负载则接在下接线端,拉闸后触刀与电源隔离,防止可能发生意外事故。

3) 开启式刀开关在合闸与分闸时,应站位合理,操作动作迅速果断。

4) 封闭式刀开关的外壳应接地,防止意外漏电使操作者发生触电事故。

5) 更换熔丝应在刀开关断开的情况下进行,且应更换与原规格相同的熔丝。

3. 型号含义 (见图 3.12)

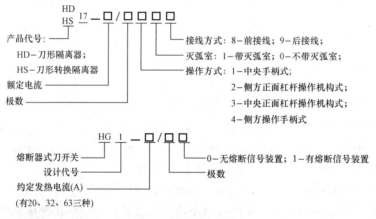

图 3.12 刀开关的型号含义

4. 常见故障及修理方法

[例 1] 合闸后一相或两相没电。

可能原因:①刀座弹性消失或开口过大;②熔丝熔断或接触不良;③刀座、触刀氧化或有污垢;④电源进线头或出线头氧化。

修理方法:①更换刀座;②更换熔丝或紧固熔丝;③清洁刀座或触刀;④检查并清洁进出线头。

[例 2] 动触头或刀座过热或烧坏。

可能原因：①刀开关容量太小；②分、合闸时动作太慢造成电弧过大，烧坏触头；③刀座表面烧毛；④动触头与刀座压力不足；⑤负载过大。

修理方法：①更换较大容量的刀开关；②改进操作方法；③用细锉刀修整刀座表面；④调整触刀与刀座间的压力；⑤减轻负载或调换较大容量的刀开关。

二、万能转换开关

万能转换开关是具有更多操作位置和触点，能够换接多个电路的一种手动控制电器，属于主令电器。其外形如图 3.13 所示。

图 3.13　万能转换开关外形图

1. 万能转换结构

万能转换开关由接触系统、操动机构、面板、转轴、手柄、定位机构和凸轮机构等主要部件组成，用螺栓紧固成一个整体。

接触系统由很多接触元件构成，每一接触元件均有一胶木触点座，中间装有 2～3 对双断点触点，分别由凸轮通过支架操作，每一断点设置隔弧罩以限制电弧，从而能控制各自回路。

定位机构一般采用滚轮卡棘轮辐射结构，其优点是操作时滚轮和棘轮间为滚动摩擦，滑块克服弹簧力在定位槽中滑动，这样使得操作时用力小、定位可靠，有助于提高分断能力。

凸轮机构用来推动支架，一般凸轮都制成光滑的外缘，可做成不同数目、不同形状的凸轮，因此当手柄转到不同位置时，通过凸轮的作用，可使各组触点按所需规律接通和分断相应的电路，以适应不同的线路需要。

万能转换开关的结构示意图如图 3.14 所示。

2. 工作原理

图 3.14 中所示为其一层的触点座，上面有三对触点，带缺口的圆即为可由转轴带动的凸轮。当操作手柄转动凸轮，使某一对触点正对着凸轮的缺口，在复位弹簧的作用下，推动

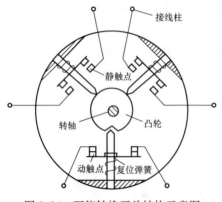

触点支架带动触点往上，使动静触点闭合，相应的接线柱所连接的电路正好接通；未对着缺口的触点，凸轮的边缘将触点支架往下压，使动触点与静触点分开，相应的接线柱所连接的电路被断开。

图 3.14　万能转换开关结构示意图

实际中的万能转换开关的触点座不止图3.14 中所示的一层，而是由多层相同的部分组成；触点也不一定正好是三对，凸轮也不一定只有一个缺口，所以当手柄在某个位置时，可能有不止一个触点闭合或分断，可能就有多条电路被接通或断开。

图 3.15 所示为两位置三触点和五位置四触点两种万能转换开关，在不同挡位上各触点状态的图形和列表两种表示法。

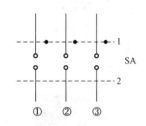

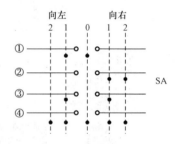

位置 触点	1	2
触点①	+	－
触点②	+	－
触点③	+	－

(a)

位置 触点	左		中间	右	
	2	1	0	1	2
触点①	－	+	+	－	－
触点②	－	－	－	+	+
触点③	－	+	+	+	－
触点④	+	+	+	+	+

(b)

图 3.15　万能转换开关在不同挡位上各触点状态的表示法
(a) 两位置三触点的万能转换开关；(b) 五位置四触点的万能转换开关

图形表示法中，万能转换开关的操作手柄在某个位置时，对应触点有黑点，则代表这对触点处于闭合状态；对应触点无黑点，则代表这对触点处于分断状态。

列表表示法中，某对触点对应某个位置时是"＋"号，则代表这对触点处于闭合状态；对应某个位置时是"－"号，则代表这对触点处于分断状态。

在图 3.15（a）中，万能转换开关的操作手柄有两个位置，触点有三对。当操作手柄在位置"1"时，触点①～③三对触点都处于闭合状态；当操作手柄在位置"2"时，触点①～③三对触点都处于分断状态。

在图 3.15（b）中，万能转换开关的操作手柄有五个位置，触点有四对。当操作手柄在位置"0"和位置左"1"时，触点①、触点③、触点④处于闭合状态，触点②处于断开状态；当操作手柄在位置左"2"时，只有触点④处于闭合状态，触点①～③三对触点都处于分断状态；当操作手柄在位置右"1"时，触点②～④处于闭合状态，触点①处于分断状态；当操作手柄在位置右"2"时，触点②、触点④处于闭合状态，触点①、触点③处于分断状态。

万能转换开关是一种多挡位、控制多回路的开关器件，广泛应用于控制电路发布控制指令或用于远距离控制，也可以作为电压表、电流表的换相开关，或者作为小容量电动机的启动、调速和换向控制。

3. 万能转换开关的选择和使用

（1）万能转换开关的选择。

1）根据所控制线路的额定电压和额定电流，选用合适的系列。

2）根据操作及实际需要选择手柄形式。

3）根据实际工作需要选择触点的数量，如果触点数量较多，可选用触点座层数多的万能转换开关。

（2）万能转换开关的使用。

1）使用前检查外观是否有不正常现象，擦去污物，并正确安装。

2）万能转换开关的引线较多，因此接线应牢固，最好将导线弯成圈后接上，否则导线松脱后极易造成短路。

3）万能转换开关出现发热、冒火、异味等异常现象时，应立即停止使用。

4. 万能转换开关的型号含义和技术参数

（1）型号含义。LW5 系列万能转换开关型号含义如图 3.16 所示。

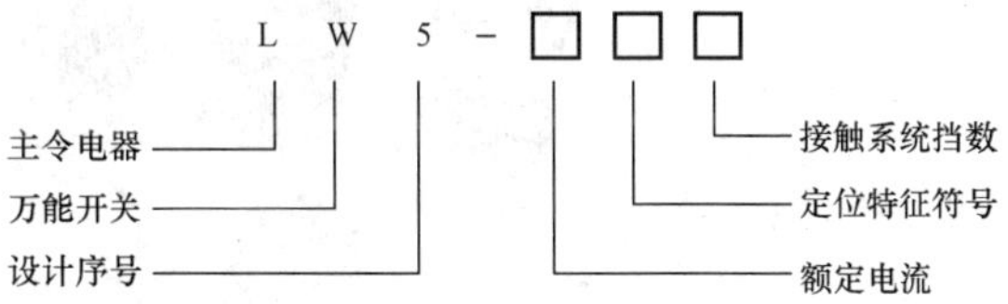

（2）技术参数。LW5 系列万能转换开关技术参数见表 3.3。

图 3.16　LW5 系列万能转换开关型号含义

表 3.3　LW5 系列万能转换开关技术参数

型号	电压（V）	电流（A）	接通		分断		特点
			电压（V）	电流（A）	电压（V）	电流（A）	
LW5-15	500	15	110	30	110	30	双断点触电，挡数1～8，面板为方形或圆形，可用于各种配电设备的远距离控制、仪表切换等
			220	20	220	20	
			380	15	380	15	
			500	10	500	10	

5. 万能转换开关的常见故障及修理方法

［例1］　触点接触不良。

可能原因：①弹簧失去弹性；②触点有污物；③触点损坏；④凸轮有磨损。

修理方法：①更换弹簧；②清除污物；③更换触点；④更换凸轮。

［例2］　转换开关发热严重。

可能原因：①触点接触不良，造成接触电阻增大；②线路有短路现象；③触点容量偏小。

修理方法：①擦拭清扫触点污物；②检查并排除线路故障；③更换触点容量较大的万能转换开关。

［例3］　操作时有卡阻现象。

可能原因：①定位机构损坏；②转换开关内部有异物。

修理方法：①修理或更换定位机构；②检查并清除异物。

三、按钮

1. 结构和电气符号

按钮是手动电器，它是一种结构简单、应用广泛的主令电器。在低压控制电路中，按钮通常用来接通或断开小电流电路。它不直接去控制主电路的通断，而是在控制电路中发布控制指令，去控制接触器、继电器等电器或电气连锁电路，再由它们去控制主电路，以实现对各种运动的控制。其外形如图3.17所示。

图3.17　按钮外形图

按钮一般由按钮帽、复位弹簧、动触点、静触点、接线柱和外壳等组成。按钮根据触点结构的不同，可分为动合按钮、动断按钮以及将动合和动断触点封装在一起的复合按钮。图3.18为按钮的结构示意图和电气符号。

2. 工作原理

图3.18（a）为动合按钮，平时触点分开，手指按下时触点闭合，松开手之后触点分开，常用作启动按钮。

图3.18（b）为动断按钮，平时触点闭合，手指按下时触点分开，松开手指后触点闭合，常用作停止按钮。

图3.18（c）为复合按钮，一组为动合触点，一组为动断触点，手指按下时，动断触点先断开，继而动合触点闭合，松开手指后，动合触点先断开，继而动断触点闭合。

除了上述这种常见的直上、直下的操作形式（即揿钮式按钮）之外，还有自锁式、紧急式、钥匙式和旋钮式按钮。其中紧急式表示紧急操作，按钮上装有蘑菇形钮帽，颜色为红色，一般安装在操作台（控制柜）明显位置上。

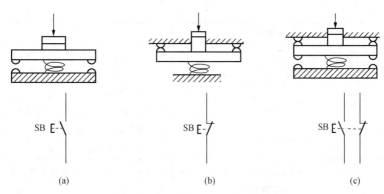

图 3.18　按钮开关的结构示意图和电气符号

(a) 动合按钮；(b) 动断按钮；(c) 复合按钮

3. 按钮的选择和使用

(1) 按钮的选择。

1) 应当根据不同的使用场合，选择按钮的型号和形式，参见表 3.4。

表 3.4　　　　　　　　　　常用按钮开关的分类与用途

代号	类别	用　途
B	防爆式	用于含有爆炸气体的场所
D	指示灯式	按钮内有装指示灯，用于需要指示的场所
F	防腐式	用于含有腐蚀性气体的场所
H	保护式	有保护的外壳，用于安全性要求较高的场所
J	紧急式	有红色钮头，用于紧急时切断电源
K	开启式	用在嵌装在固定的面板上
L	连锁式	用于对触电需要连锁的场所
S	防水式	有密封外壳，用于有雨水的场所
X	旋钮式	通过旋转把手操作
Y	钥匙式	用钥匙插入操作，可专人操作
Z	组合式	多个按钮组合在一起
Z	自锁式	内有电磁机构，可自保持，用于特殊实验场所

2) 应当按工作状态和工作情况的要求，选择是否要指示灯、选择按钮的颜色，参见表 3.5。

表 3.5　　　　　　　　　　按钮开关颜色标志

颜色	代表意义	典型用途
红	停车、关断	(1) 一台或对台电动机的停车 (2) 机器设备的一部分停止运行
	紧急停车	(1) 紧急关断 (2) 防止危险性过热的关断

续表

颜色	代表意义	典型用途
绿或黑	启动、工作、点动	（1）辅助功能的一台或多台电动机开始启动 （2）机器设备的一部分启动 （3）点动或缓行
黄	返回、移动出界、清零（即清除预置）	（1）在机械已完成一个循环的终点，机械部件按黄色按钮返回的功能 （2）可取消预置的功能
白或蓝	以上颜色所未包括的特殊功能	与工作循环无直接的辅助功能控制保护继电器的复位

3）按控制回路的需要，选择按钮的触点形式和触点的组数。

（2）按钮的使用。

1）使用中应保持按钮清洁，避免油污及水汽浸入按钮内部。因为触点间距较小，若有油污极易发生短路事故或接触不良现象。

2）按钮用于高温场合时，易使塑料变形老化而导致松动，引起接线螺钉间相碰短路，使用时要注意散热。紧固按钮螺圈可增加一个，以防变形松动，并可在接线螺钉处加套绝缘塑料管来防止短路。

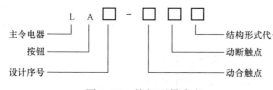

图 3.19　按钮型号含义

3）带指示灯的按钮因灯泡发热，长期使用易使塑料灯罩变形，应降低灯泡电压，减小发热量，延长使用寿命。

4. 型号含义

按钮的型号含义如图 3.19 所示。按钮中常用标牌的中英文名称对照见表 3.6。

表 3.6　　　　　　　　　　　　　常用按钮标牌中英文名称对照

序号	标牌名称		序号	标牌名称	
	英文	中文		英文	中文
1	ON	通	9	FAST	高速
2	OFF	断	10	SLOW	低速
3	START	启动	11	HAND	手动
4	STOP	停止	12	AUTO	自动
5	INCH	点动	13	UP	上
6	RUN	运行	14	DOWN	下
7	FORWARD	正转（向前）	15	RESET	复位
8	REVERSE	反转（向后）	16	EMERGSTOP	急停

5. 按钮的常见故障与修理办法

［例1］　按下按钮时有触电感觉。

可能原因：①接线松动，搭接在按钮的金属外壳上；②按钮帽的缝隙间污物较多或有铁屑，使其与导电部分形成通路。

修理方法：①检查按钮内连接导线，重新接线，排除搭接现象；②擦洗按钮，清除污物或铁屑。

[例2]　按下按钮，动合触点不能接通电路，控制失灵。

可能原因：①触点氧化、触点磨损松动、接触不良；②接线头脱落；③机械机构卡阻。

修理方法：①擦拭和检修触点，必要时更换按钮；②检查按钮连接线，并紧固接线；③检查按钮内部，清除杂物。

[例3]　松开按钮后，触点不能复位。

可能原因：①复位弹簧弹力不足；②污物过多，造成短路；③胶木烧焦，造成短路；④尘埃或机油、乳化液等流入按钮形成短路。

修理方法：①调整复位弹簧的弹力，必要时更换按钮；②擦拭触点，清除按钮内污物；③更换按钮；④清扫按钮，并采取相应的密封措施。

课题四　熔断器与电流互感器

一、熔断器

熔断器是一种应用广泛的最简单有效的保护电器，常在低压电路和电动机控制电路中起过载保护和短路保护的作用。它串联在电路中，当通过的电流大于规定值时，使熔体熔化而自动分断电路。

熔断器按结构形式可以分为开启式、半封闭式和封闭式。封闭式熔断器又分为有填料式、无填料管式和有填料螺旋式。

常用的熔断器按不同的使用场合分为管式、插入式、螺旋式、卡式等几种类型，其中部分熔断器的外形如图 3.20（a）、（b）所示。熔断器的文字符号和电气符号如图 3.20（c）所示。

1. 工作原理

熔断器的主要元件是熔体，它是熔断器的核心部分，常做成丝状或片状。在小电流电路中，常用铅锡合金和锌等低熔点金属做成圆截面熔丝；在大电流电路中则用银、铜等较高熔点的金属做成薄片，便于灭弧。

熔断器使用时应串联在所保护的电路中，负载电流流过熔体，由于电流热效应而使温度上升，电路正常工作时，其发热温度低于熔化温度，故长期不熔断；当电路发生短路或严重过载时，电流大于熔体允许的正常发热电流，熔体温度急剧上升，超过其熔点而熔断，将电路断开，从而保护了电路和用电设备。熔体熔断后，需更换新的熔体，电路才可能接通重新工作。

电流通过熔体时产生的热量与电流的平方和电流通过的时间成正比。因此，电流越大，熔体熔断所需的时间越短，这一特性称为熔断器的安秒特性，见表 3.7。

表 3.7　　　　　　　　　　　　熔断器的安秒特性数值关系

熔断电流	$1.25\sim1.30I_N$	$1.36I_N$	$2I_N$	$2.5I_N$	$3I_N$	$4I_N$
熔断时间	∞	1h	40s	8s	4.5s	2.5s

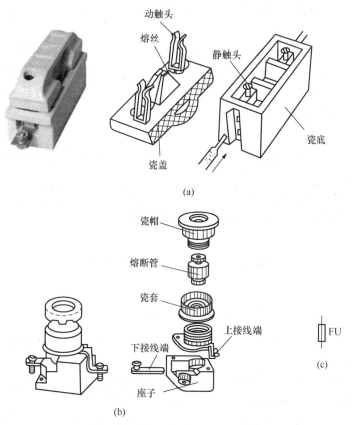

图 3.20　熔断器外形图和电气符号
（a）瓷插式熔断器；（b）RL1 系列螺旋式熔断器；（c）符号

2. 熔断器的选择与使用

（1）熔断器的选择。

选择熔断器时，主要是正确选择熔断器的类型和熔体的额定电流。

1）根据使用场合选择熔断器的类型。

a. 电网配电一般用管式熔断器。

b. 电动机保护一般用螺旋式熔断器。

c. 照明电路一般用瓷插式熔断器。

d. 保护晶闸管元件则应选择快速熔断器。

2）根据负载和线路情况正确选择熔体额定电流。

a. 对于变压器、电炉和照明负载，熔体的额定电流应略大于或等于负载电流。

b. 对于输配电线路，熔体的额定电流应略大于或等于线路的安全电流。

c. 对于电动机负载，熔体的额定电流应等于电动机额定电流的 1.5～2.5 倍。

（2）熔断器的使用。

1）对不同性质的负载，如照明电路、电动机电路的主电路和控制电路等，应分别保护，并装设单独的熔断器。

2）安装螺旋式熔断器时，必须注意将电源线接到瓷底座的下接线端，负载接到瓷底座的上接线端（即低进高出的原则），以保证安全。

3）瓷插式熔断器安装熔丝时，熔丝应顺着螺钉旋紧方向绕过去，同时应注意不要划伤熔丝，也不要把熔丝绷紧，以免减小熔丝截面尺寸或插断熔丝。

4）更换熔体时应切断电源，并应换上相同额定电流的熔体。

注意：

1）熔断器保护必须满足运行要求和安全要求。同一熔断器可配用几种不同规格的熔体，要注意熔体的额定电流不得超过熔断器额定电流，同时不能用多根熔体代替一根较大熔体，不准用铜丝甚至铁丝来替代。

2）熔断器各部分应接触良好，触头钳口应有足够的压力。

3）在有爆炸危险的环境，不应装设产生电弧的熔断器。

4）更换新熔体时，要使用与原来同样规格及材料的熔体；若负荷增加，则应重新选用适当熔体，以保证动作的可靠性。

5）更换熔体时，一定要先切断电源，不允许带负荷拔出熔体。特殊情况应当先切断回路中的负荷，并做好必要的安全措施。

6）具有限流作用的熔断器，在熔断时其过电压要高些，选用熔体时应注意。

3. 熔断器的型号含义

熔断器的型号含义如图 3.21 所示。

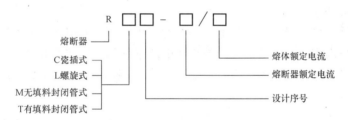

图 3.21 熔断器的型号含义

4. 熔断器的常见故障及修理方法

［例1］ 电动机启动瞬间熔体即熔断。

可能原因：①负载过重；②负载有短路或接地现象；③熔体规格选择太小；④熔体安装时受损伤。

修理方法：①测量负载电流，保证额定条件下工作；②检查短路或接地故障；③调换规格适当的熔体；④更换熔体。

［例2］ 熔断器不通。

可能原因：①熔断器接线端的导线松动；②熔断器的螺帽盖未拧紧；③熔体被熔断。

修理方法：①检查并重新连接接线端；②检查并旋紧螺帽盖；③检查并更换熔体。

［例3］ 熔体未熔断但电路不通。

可能原因：①熔体与熔断器座接触不良；②熔体底部或簧片有锈蚀；③熔断器座底部的簧片弹力不足。

修理方法：①检查并重新旋紧熔断器；②用砂纸打磨熔体底部或簧片，清除锈迹；③调整簧片弹力，必要时更换熔断器。

二、电流互感器

1. 工作原理

电流互感器的工作依据是电磁感应原理。电流互感器由闭合的铁芯和绕组组成。由铁芯、一次绕组、二次绕组、接线端子及绝缘支持物组成。其一次绕组匝数很少，串在需要测量的电流的线路中，因此经常有线路的全部电流流过；二次绕组匝数比较多，串接在测量仪表和保护回路中。电流互感器在工作时，二次回路始终是闭合的，因此测量仪表和保护回路串联线圈的阻抗很小，工作状态接近短路。

在供电、用电的线路中电流、电压大小相差悬殊，从几安到几万安都有，为便于二次仪表测量需要转换为比较统一的电流；另外，线路上的电压都比较高，如直接测量是非常危险的。电流互感器就起到变流和电气隔离作用。

较早前，显示仪表大部分是指针式的电流、电压表，所以电流互感器的二次侧电流大多数是安培级的（如 5A 等）。现在的电量测量大多数字化，而计算机的采样的信号一般为毫安级（0～5V、4～20mA 等）。微型电流互感器二次侧电流为毫安级，主要起大互感器与采样之间的桥梁作用。

若忽略励磁电流，则电流互感器的一次绕组与二次绕组有相同的磁通势，即

$$I_1 N_1 = I_2 N_2$$

式中：I_1 为一次侧电流；I_2 为二次侧电流；N_1 为一次绕组匝数；N_2 为二次绕组匝数。

2. 型号及主要参数

电流互感器是一种专门用于变换电流的特种变压器，类型很多，分类方式也多，主要分测量和保护用，户内和户外式等。户内使用的电流互感器外形如图 3.22（a）所示。

（1）型号含义。电流互感器的型号由 2～4 位拼音字母及数字组成，型号含义如图 3.22（b）所示。具体的字母含义见表 3.8。

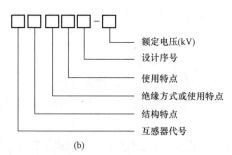

额定电压(kV)

设计序号

使用特点

绝缘方式或使用特点

结构特点

互感器代号

(a)   (b)

图 3.22　熔断器的外形图和型号含义

(a) 外形图；(b) 型号含义

例如，LQG‑0.5 表示改进型线圈式电流互感器，额定电压 0.5kV；LMK‑0.5 表示塑料外壳母线式电流互感器，额定电压 0.5kV；LMZ‑0.5 表示浇注绝缘母式电流互感器，额定电压 0.5kV。

（2）主要参数。

1）变流比。变流比常以分数形式标出，分子表示一次侧额定电流（A），分母表示二次侧额定电流（A）。二次侧额定电流均为 5A。例如某电流互感器的变流比为 200/5，则表示电流互感器的一次侧额定电流为 200 A，二次侧为 5A。

表 3.8　　　　　　　　　　　　型 号 中 字 母 含 义

第一位字母	含义	第二位字母	含义	第三位字母	含义	第四位字母	含义
L	电流互感器	A	穿墙式	Z	浇注绝缘	C 或 D	差分保护用
		R	套管式	C	瓷绝缘	Q	加强型
		C	瓷箱式（瓷套式）	K	塑料外壳	J	加大容量
		Q	线圈式	W	户外型		
		F	复匝穿墙式	G	改进型		
		D	单匝穿墙式	D	差分保护用		
		M	母线式	J	加大容量加强型		

2）误差等级（准确等级）。电流互感器的误差等级通常分为 0.2、0.5、1、3、10 五个等级。其是指电流互感器变比误差的百分值。例如误差等级为 0.5 级，则表示在额定电流时，该电流互感器的变比误差为 ±0.5％，角差为 ±40′。当一次侧电流低于其额定值时，电流互感器的变比误差及角差也随着增大。所以，电流互感器一次侧额定电流的选择，应使运行电流经常在其 20％～100％ 的范围内。

（3）接线。一次绕组串联在电力线路中，二次绕组与二次负荷的电流线圈串联。因与变压器的工作原理相似，电流互感器串联在被测电路中一次绕组匝数很少，因此一次侧电流完全取决于被测电路负荷电流，而与二次侧电流无关。二次绕组中串接的二次负荷阻抗很小，所以在正常运行中，接近于短路的状态下工作，这是电流互感器与变压器的主要区别。

电流互感器一、二次侧电流之比等于一次绕组与二次绕组的匝数比。

（4）使用注意事项。

1）工作中电流互感器二次侧不准开路。如二次侧开路，二次侧电流为零，二次绕组将会产生尖顶波电动势，其峰值可高达几千伏甚至上万伏，将会对工作人员和二次回路中的设备造成危险。同时将会因铁芯过热，而损坏绕组绝缘。

2）电流互感器二次侧有一端必须接地。

3）注意电流互感器一、二次绕组接线端子上极性。我国的电流互感器采用同名端标记，一般一次绕组端子标以 L1（P1）、L2（P2），二次绕组标以 K1（S1）、K2（S2），其中 L1（P1）、K1（S1）和 L2（P2）、K2（S2）为同名端。电流互感器与测量仪表的接线图如图 3.23 所示。

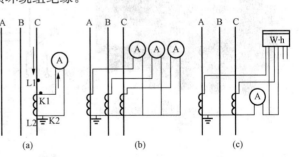

图 3.23　电流互感器与测量仪表的接线图

课题五 继 电 器

继电器是一种利用各种物理量的变化，将电量或非电量信号转化为电磁力（无触头式）使输出状态发生阶跃变化（有触头式），从而通过其触头或突变量，促使在同一电路或另一电路中的其他器件或装置动作的一种控制元件。

继电器用于各种控制电路中进行信号传递、放大、转换、连锁等，从而控制主电路和辅助电路中的器件或设备按预定的动作程序进行工作，实现自动控制和保护。继电器按动作原理分为电磁式、磁电式、感应式、电动式、温度（热）式、光电式、压电式及时间继电器；按激励量分为交流、直流、电压、电流、中间、时间、温度、速度、压力、脉冲继电器。

一、热继电器

热继电器是一种利用流过继电器的电流产生的热效应而动作的保护电器。电动机在运行过程中，经常出现过负荷的现象或在低电压下运转，此时电动机绕组中会流过较大的电流，而过大的电流将产生较多的热量，如果热量不能及时释放出去，长时间运行就有可能损坏电动机。此外，如果电动机过载的时间并不很长，电动机并没有达到允许温升，那么电动机就不应该立即停机。如果仅采用过电流保护，是实现不了这一功能的，这就必须采用热继电器。

热继电器有两相结构、三相结构、三相带断相保护装置三种类型。图 3.24 为三相结构热继电器的外形图。

热继电器主要由双金属片、热元件、操动机构、触点系统、整定调整装置等各部分组成。图 3.25 为实现三相过载保护的热继电器的结构示意图、工作原理示意图和电气符号。

图 3.24　三相结构热继电器外形图

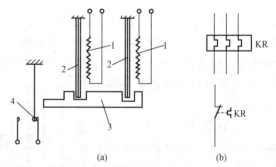

图 3.25　热继电器结构示意图、
工作原理示意图和电气符号
（a）工作原理示意图；（b）电气符号
1—热元件；2—双金属片；3—导板；4—触头

1. 工作原理

热继电器中的双金属片由两种膨胀系数不同的金属片压焊而成。缠绕着双金属片的是热元件，它是一段电阻不大的电阻丝，串接在主电路中，热继电器的动断触点通常串接在接触器线圈电路中。当电动机过载时，热元件中通过的电流加大，使双金属片逐渐发生弯曲，经过一定时间后，推动动作机构，使动断触点断开，切断接触器线圈电路，使电动机主电路断电。故障排除后，按下复位按钮，使热继电器触点复位。

通过热元件的电流越大，触点的动作时间越短，热继电器具有的这种安秒特性称为反时限保护的特性，见表3.9。

表 3.9 热继电器的保护特性

项号	整定电流倍数	动作时间	起始条件
1	1.05	>2h	从冷态开始
2	1.2	<2h	从热态开始
3	1.6	<2min	从热态开始
4	6	>5s	从冷态开始

热继电器的工作电流可以在一定范围内调整，称为整定。热继电器的热元件允许长期通过又不致引起继电器动作的电流称为整定电流。热继电器的整定电流值应是被保护电动机的额定电流值，其大小可以通过旋动整定电流旋钮来实现。

由于热惯性，热继电器不会瞬间动作，因此不能用作短路保护。但也正是这个热惯性，在电动机启动或短时间过载时，使热继电器不会误动作。

热继电器主要用来对连续运行的电动机进行过载保护，以防止电动机过热而烧毁，也可以对电动机实施断相保护、电流不平衡运行保护和其他电气设备发热状态的控制。

2. 热继电器的选择和使用

(1) 热继电器的选择。

1) 热继电器的类型选择。一般轻载启动、短时工作，可选择两相结构的热继电器；当电源电压的均衡性和工作环境较差，或多台电动机的功率差别较显著时，可选择三相结构的热继电器；对于三角形接法的电动机，应选用带断相保护装置的热继电器。

2) 热继电器的额定电流及型号选择。热继电器的额定电流应大于电动机的额定电流。

3) 热元件的整定电流选择。一般将整定电流调整到等于电动机的额定电流；对过载能力差的电动机，可将热元件整定值调整到电动机额定电流的0.6～0.8倍；对启动时间较长，拖动冲击性负载或不允许停车的电动机，热元件的整定电流应调节到电动机额定电流的1.1～1.15倍。

(2) 热继电器的使用。

1) 当电动机启动时间过长或操作次数过于频繁时，会使热继电器误动作或烧坏电器，这时热继电器不能提供过载保护，可考虑选用半导体温度继电器进行保护。

2) 当热继电器与其他电器安装在一起时，应安装在其他电器的下方，以免动作特性受到其他电器发热的影响。热继电器常装在主接触器的下方，结构紧凑，引线不会太长。

3) 热继电器出线端的连接导线应适当选择线径。若导线过细，则热继电器可能提前动作；若导线太粗，则热继电器可能滞后动作。

4) 使用热继电器时应定期进行检查或校验，以确保热继电器能正常工作。双金属片如有锈迹，可用布蘸汽油轻轻擦拭，但不得用砂纸打磨，以防止性能发生改变。

5) 热继电器动作后，不要立即手动复位，应待双金属片冷却复原后再使触点复位。按手动复位按钮时，不要用力过猛，以免损坏操动机构。

3. 热继电器的型号含义和技术参数

（1）型号含义。热继电器的型号含义如图 3.26 所示。

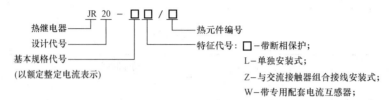

图 3.26　热继电器的型号含义

（2）技术参数。热继电器的技术参数见表 3.10。

4. 热继电器的常见故障及修理方法

［例 1］　热继电器误动作或动作太快。

可能原因：①整定电流偏小，以致未过载就动作；②操作频率过高，反复短时间工作，使热继电器经常受启动电流的冲击；③负载侧电流过大；④连接导线太细。

修理方法：①调大整定电流；②调换热继电器或限定操作频率；③排除负载侧故障；④选用标准导线。

表 3.10　　　　　　　　　　　　热继电器的技术参数

型号	额定电流（A）	热元件规格	
		热元件额定电流（A）	整定电流调节范围
JR16 - 20/3 JR16 - 20/3D	20	0.5	0.32～0.5
		1.6	0.68～1.6
		2.4	1.5～2.4
		3.5	2.2～3.5
		7.2	4.5～7.2
		16.0	10.0～16.0
JR16 - 60/3 JR16 - 60/3D	60	32.0	20～32
		45.0	28～45
		63.0	40～63
JR16 - 150/3 JR16 - 150/3D	150.0	85.0	53～85
		120.0	75～120
		160.0	100～160

［例 2］　热继电器不动作。

可能原因：①整定电流偏大；②热元件烧断或脱焊；③使用场合有强烈的冲击及振动，使操动机构松动而脱扣。

修理方法：①调小整定电流；②更换已坏的热继电器；③重新放置操动机构并试验动作灵活性。

［例 3］　热继电器动作时间不稳定。

可能原因：①内部固定件松动而引起；②外力弯折双金属片引起。

修理方法：①检查热继电器紧固件；②将双金属片进行热处理，必要时更换热继电器。

［例 4］　主电路不通。

可能原因：①接线螺钉未压紧；②热元件烧断或脱焊。

修理方法：①旋紧接线螺钉；②更换热元件或热继电器。

[例5]　控制电路不通。

可能原因：①热继电器动断触点接触不良或弹性消失；②手动复位的热继电器动作后，未手动复位。

修理方法：①检修动断触点，必要时更换热继电器；②手动复位。

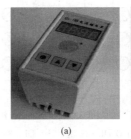

(a)　　　　　　　　　(b)

图3.27　电流继电器外形图

(a) 欠流电流继电器；(b) 过流电流继电器

二、电流继电器

电流继电器是一种常用的电磁式继电器，用于电力拖动系统的电流保护和控制。其线圈串联接入主电路，用来感测主电路的线路电流；触点接于控制电路，为执行元件。电流继电器反应的是电流信号。常用的电流继电器有欠电流继电器和过电流继电器两种，其外形如图3.27所示。

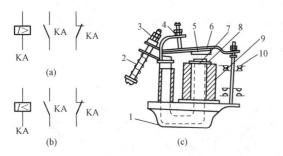

图3.28　电流继电器的符号和结构

(a) 欠电流继电器电气符号；(b) 过电流继电器电气符号；
(c) 电流继电器结构图

1—底座；2—反力弹簧；3、4—调节螺钉；5—非磁性垫片；
6—衔铁；7—铁芯；8—极靴；9—电磁线圈；10—触点系统

欠电流继电器用于电路起欠电流保护，吸引电流为线圈额定电流的30%～65%，释放电流为额定的电流10%～20%。因此，在电路正常工作时，衔铁是吸合的，只有当电流降低到某一整定值时，欠电流继电器释放，控制电路失电，从而控制接触器及时分断电路。过电流继电器在电路正常工作时不动作，整定范围通常为额定电流1.1～4倍，当被保护线路的电流高于额定值时，达到过电流继电器的整定值时，衔铁吸合，触点机构动作，控制电路失电，从而控制接触器及时分断电路，对电路起过流保护作用。电流继电器的电气符号和结构如图3.28所示。

常用的电流继电器有DL-30、JT9、JT10、JL12、JL14、JZ7系列等。DL-30系列电流继电器用于电机、变压器和输电线的过负荷和短路保护线路中，作为启动元件。DL-30系列电流继电器内部接线图如图3.29所示。

三、中间继电器

中间继电器作用是传递信号或同时控制多个电路，也可直接控制小容量电动机或其他电气执行元件。它的结构和工作原理和交流接触器基本相同，只是电磁系统小些，触点多些。中间继电器主要用于控制电路，接触器主要用于主电路；通过中间继电器可实现用一路控制信号控制另一路或几路信号的功能，完成启动、停止、联动等控制，主要控制对象是接触器；接触器的触头比较大，承载能力强，通过中间继电器来实现弱电到强电的控制。中间继电器的外形如图3.30所示。

常用的中间继电器主要有JZ7系列和JZ8系列两种，后者为交直流两用。在选用中间继

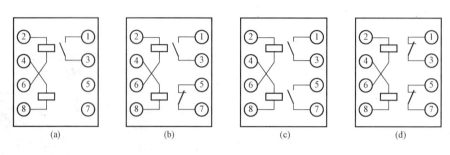

图 3.29　DL-30 系列电流继电器内部接线图

(a) DL-31 型；(b) DL-32 型；(c) DL-33 型；(d) DL-34 型

电器时，主要是考虑电压等级和动合、动断触点的数量。

中间继电器外形与内部接线图如图 3.30 和图 3.31 所示。

四、时间继电器

时间继电器广泛应用于额定交流电压 380V 以下、频率 50/60Hz 和直流电压 220V 及以下的自动控制电路中，作时间控制、指示等用途。电气控制系统中是时间继电器一个非常重要的元器件。时间继电器一般分为通电延时和断电延时两种类型，主要用于电器设备的延时控制或顺序控制之用。

图 3.30　中间继电器外形图

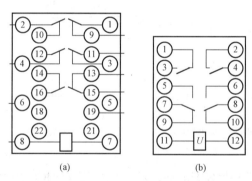

图 3.31　中间继电器的两种内部接线图

从动作的原理上时间继电器可分为电磁式、电动式、电子式、机械阻尼式等。电子式的是采用电容充放电再配合电子元件的原理来实现延时动作。机械式的样式较多，有利用气囊、弹簧的气囊式；也有使用小型罩极同步电机带动凸轮的装置等。常见时间继电器的外形如图 3.32 所示。

时间继电器的文字和图形符号如图 3.33 所示。时间继电器的型号含义如图 3.34 所示。

五、信号继电器

一般作监控保护用，在配电高压柜二次保护回路中应用广泛，发出声、光、电或掉牌信号。电流型信号继电器，电压低，电流大，线径粗，圈数少，阻抗小，体积小，一般是与用电器串联使用。电压型信号继电器，电压高，电流小，线径细，圈数多，阻抗大，体积大，一般是通过开关电器直接接在电源两端。

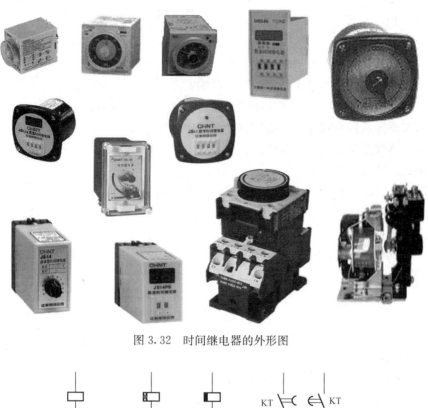

图 3.32　时间继电器的外形图

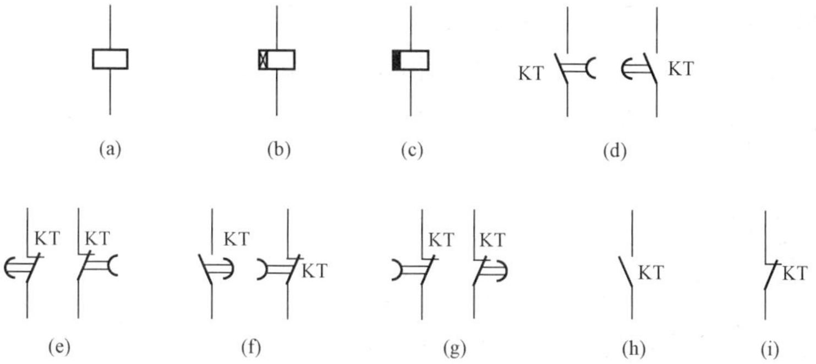

图 3.33　时间继电器的电气符号

（a）线圈一般符号；（b）通电延时线圈；（c）断电延时线圈；
（d）延时闭合动合触点；（e）延时断开动断触点；（f）延时断开动合触点；
（g）延时闭合动断触点；（h）瞬时动合触点；（i）瞬时动断触点

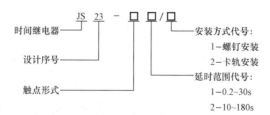

图 3.34　时间继电器的型号含义

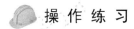 **复 习 题**

1. 低压断路器触头过热应如何处理?
2. 断路器触头不能闭合是由什么原因引起的?
3. 低压断路器使用前应进行哪些项目的检查?
4. 低压断路器运行期间的检查周期有什么规定?
5. 低压断路器定期检查有哪些项目?
6. 封闭式刀开关应如何安装?
7. 带连杆操纵的刀开关触头合闸不能到位应如何调整?
8. 低压熔断器熔体更换有什么要求?
9. 交流接触器定期检查有哪些项目?
10. 交流接触器通电后不能动作应如何检查?
11. 热继电器接入后主电路或控制电路不通应如何检查处理?

操 作 练 习

一、低压断路器

1. DW 系列断路器灭弧罩检查、安装、更换练习。
2. 手动分合 DW 系列断路器检查欠压脱扣线圈动作情况。
3. 电动分合 DW 系列断路器动作情况。
4. 灭弧触头的调整练习。
5. DZ 系列断路器分合练习。

二、低压刀开关

1. 在配电柜上调节低压刀开关杠杆螺丝,使低压刀开关触头行程满足要求。
2. 练习安装开启式和封闭式刀开关的安装、接线。

三、低压熔断器

熔断器的安装,熔体的更换练习。

四、交流接触器

1. 交流接触器安装练习。
2. 交流接触器触头更换练习。
3. 交流接触器线圈更换练习。
4. 热继电器动作电流整定练习。
5. 热继电器故障处理。

 考核项目　低压断路器的安装

一、施工

(1) 施工用的工具、材料和设备。

1）工具：电工刀、尖嘴钳、剥线钳、斜口钳、压线钳、螺丝刀、活动扳手、钢卷尺各1把，万用表1块。

2）材料：导线 BV - 2.5mm²、BV - 4mm² 各若干米，尼龙扎带、压接端头、异形管（编码套管）、自攻螺丝各若干。

3）设备：DZ20J - 100/330（40A）断路器1台，C45N2P/10A 断路器3台，JP5 - 2.5/3 端子排4节，安装板（木制）1块面积为 800×600mm²，厚 20mm。

（2）室内各有通电试验用的三相四线制可靠电源两处以上。

（3）施工的安全要求。

1）安装各元器件时，应注意底板是否平整，若底板不平，元器件下方应加垫片，以防损坏各元器件。

2）安装和接线时，应正确使用工具，以防损坏各元器件或造成人身伤害。

3）通电试验时，要按操作程序进行，防止发生人身或设备不安全现象。

4）试验电源应有可靠的保护。

（4）施工步骤及工艺要求。

1）施工步骤。

a. 工作前工具、材料及各器件的准备。

b. 在安装板上进行元器件布置并固定。

c. 根据所选择导线进行电气配线。

d. 用万用表检查各回路通、断情况。

e. 通电试验。

2）工艺要求。

a. 工具、材料及各元器件准备齐全；导线截面应满足负载要求，还应采用不同颜色加以区分，各元件选择均应满足负载要求。

b. 各低压断路器必须垂直安装且位置布置合理、安装牢固、整齐、可靠。

c. 下线时不浪费导线，与电气元件连接紧固、不损伤线芯，压接端子压接紧固，编码套管齐全，标号正确。

d. 每隔 80～100mm 用尼龙扎带将线束绑扎，绑扎均匀、牢固、方向一致；每隔 250mm 左右用扎带将线束与板面固定一次。

e. 线束距板面 10mm，走向一致，配线整齐、美观。

f. 通电试验前后的接线与拆线顺序规范、正确；试验时各开关电器应在断开状态，通电时应逐级投入合闸，断电顺序与通电顺序相反，试验动作可靠。

g. 操作结束后，清理工位，工具、材料摆放整齐，无不安全现象发生，做到安全文明生产。

二、考核

1. 考核要点

（1）工作前工具、材料及各元器件的准备。

（2）选择导线及元器件。

（3）元器件的安装。

（4）元器件之间的接线及线路敷设工艺。

（5）通电试验前后接线与拆线的操作顺序是否正确、操作是否规范。

（6）安全文明生产。

2. 考核时间

参考时间为 90min。

三、评分参考标准表

姓名					班级（单位）			
操作时间		时　　分至　　　　时　　分			累计用时		时　　　分	
评分标准								
序号	考核项目	考核内容				配分	扣分	得分
1	工作前准备	正确准备工具、材料及元器件				10		
		正确选择导线						
2	低压断路器安装	在安装板上进行元器件布置并固定，各低压断路器必须垂直安装且位置布置合理、安装牢固、整齐、可靠				65		
		下线时不浪费导线，与电气元件连接紧固、不损伤线芯，压接端子压接紧固，编码套管齐全，标号正确						
		每隔 80～100mm 用尼龙扎带将线束绑扎，绑扎均匀、牢固、方向一致，每隔 250mm 左右用扎带将线束与板面固定一次						
		线束距板面 10mm，走向一致，配线整齐、美观						
3	通电试车	正确使用万用表进行检查，并通电成功				20		
4	文明生产	整理工具、材料，清理现场				5		
指导老师						总分		

项目四　电气图的识读与设计

课题一　电气设计图纸的有关规定

电气图是一种特殊的专业技术图，必须符合现行的相关标准：

（1）GB/T 6988.5—2006《电气技术用文件的编制 第5部分：索引》。

（2）GB/T 4728.1～13—2005～2008《电气简图用图形符号》。

（3）GB/T 5094.4—2005《工业系统、装置与设备以及工业产品——结构原则与参照代号 第4部分：概念的说明》。

（4）GB/T 5094.3—2005《工业系统、装置与设备以及工业产品结构原则与参照代号 第3部分：应用指南》。

（5）GB/T 5094.2—2003《工业系统、装置与设备以及工业产品——结构原则与参照代号 第2部分：项目的分类与分类码》。

（6）GB/T 5094.1—2002《工业系统、装置与设备以及工业产品结构原则与参照代号 第1部分：基本规则》。

（7）GB/T 14689—2008《技术制图 图纸幅面和格式》。

读图人员只有了解这些标准或规则，才能够更好地指导安装和施工，进行故障诊断，检修和管理电气设备。

一、图纸的幅面及图标

1. 图纸的幅面

电气图的图纸幅面代号以及尺寸规定与GB/T 14689—2008中的图纸幅面和规格基本相同，其图纸幅面一般为五种：0号、1号、2号、3号和4号分别用A0、A1、A2、A3、A4表示，其幅面尺寸见表4.1。

表4.1　　　　　　　　　　　　　幅 面 尺 寸　　　　　　　　　　（单位：mm）

基本幅面代号	0	1	2	3	4
宽（B）×长（L）	841×1189	594×841	420×594	297×420	297×210
边宽（C）	10			5	
装订侧边宽（a）	25				

图纸的基本幅面不宜加长或加宽。当特殊情况下有必要加长或加宽时，应符合下列规定：

（1）图纸加宽、加长的量，应按相应边长1/8的倍数增加。但最长不宜超过1931mm，最宽不宜超过841mm。

（2）0号图幅不得加宽，必要时允许加长。

（3）1～3号图幅不宜加宽，可加长。

（4）4号图幅不得加宽和加长。

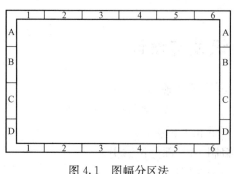

图 4.1 图幅分区法

2. 图纸的幅面分区

对于幅面大而内容复杂的电气图,在读图过程中,为了迅速找到图上的内容,需利用图幅分区法确定图上的位置。图幅分区法即在各种幅图的图纸上分区,如图 4.1 所示。图中将图纸的两对边各自等分加以分区,分区的数目应为偶数;每一分区的长度一般在 25～75mm;每个分区内竖边方向用大写拉丁字母,横边方向用阿拉伯数字分别编号。编号的顺序应从标题栏相对的左上角开始。分区代号用字母和数字表示,如 B3、C5 等。

3. 图标

图标(或称标题栏)分为工程设计图标、标准设计(包括典型或定型设计)图标、压力容器图标、修改图标、翻译图标、复制图标以及会签图标。0～4 号图纸(包括立式图纸)的工程设计图标或标准设计图标,均应置于图纸的右下角。需要时,可在工程设计图纸的线框内的图标左侧或上方旁的空白处,设置修改图标、翻译图标、复制图标或会签图标。工程设计图标格式如图 4.2 所示。

(设计单位名称)		工程	设计阶段
总工程师	主要设计人		
设计总工程师	校核	(电气图名称)	
主任工程师	设计		
科长	设计制图		
日期	比例	图号	

图 4.2　工程设计图标格式

4. 图线

图线的名称、形式应使用 GB 4457.4—2008《机械制图 图样画法图线》规定的八种图线,即粗实线、细实线、波浪线、双折线、虚线、细点划线、粗点划线、双点划线。电气图中使用较多的是粗实线、细实线、虚线和细点划线,常用的图线形式见表 4.2。

表 4.2　　　　　　　　　　电气图中常用图线形式

图线名称	图线形式	一般应用
实线	——————	基本线,简图主要用线,可见轮廓线,可见导线
虚线	- - - - - - -	辅助线,屏蔽线,机械连续线,不可见轮廓线,不可见导线,计划扩展内容用线
点划线	— · — · —	分界线,结构围框线,分组围框线
双点划线	— ·· — ·· —	辅助围框线

图线的宽度一般从以下系数中选取:0.25、0.35、0.5、0.7、1.0、1.4mm。通常在一张图纸上只选其中两种宽度的图线,并且粗线为细线的两倍。当在某些图中需要两种宽度以

上的图线时，图线的宽度应以 2 的倍数依次递增，如 0.35、0.7、1.4mm。图线的间距规定最小间距不小于粗线宽度的两倍。

二、电气图的基本构成

电气图一般由电路接线图、技术说明、主要电气设备元件明细表和标题栏四部分组成。

1. 电路及电路图

（1）电路通常包括两类：一次回路和二次回路。一次回路也称主回路，二次回路也称为副回路。一次回路是指电源向负载输送电能的电路，包括发电、输电、变配电以及用电的主电路。主电路上的设备主要有发电机、变压器、各种开关电器、互感器、母线、导线及电力电缆等。二次电路是为了保证一次回路安全、正常、经济合理运行而装设的控制、指示、监控、测量电路，一般包括控制开关、继电器、测量仪表、指示灯等。

（2）采用国家统一规定的电气图形符号和文字符号，表示电路中电气设备或原件相互连接顺序的图形称为电路接线图。

2. 技术说明

技术说明（或技术要求）是用以注明电气接线图中有关要点、安装要求及未尽事项等。其书写位置通常是，一次回路（主电路）图中，在图面的右下方，标题栏的上方；二次接线（副接线）图中，在图面的右上方。

3. 主要电气设备元件明细表

主要电气设备原件明细表是用以标注电气接线图中电路主要电气设备元件的代号、名称、型号、规格、数量和说明等，它不仅是为了读者便于识图，更是订货、安装时的主要依据。明细表的书写位置通常是：一次回路图中，在图面的右上方，由上而下逐条列出；二次回路图中，则在图面的右下方，紧接标题之上，自下而上逐条列出。

4. 标题栏

标题栏在图面的右下角，标注电气工程名称、设计类别、设计单位、图名、图号、比例、尺寸单位及设计人、制图人、描图人、审核人、批准人的签名核日期等，如图 4.2 所示。

标题栏是电气设计图的重要技术档案，各栏目中的签名人对图中的技术内容承担相应的责任，识图时应先看标题栏。此外，涉及相关专业的电气图样，紧接在标题栏左侧或图框线以外的左上方，列有会签表，由相关专业技术人员会审认证后签名，以便互相同一协调、明确分工及责任。

三、电气符号

电气符号包括图形符号、文字符号和回路符号三种。各种电路图都是这些电气符号表示电路的构成、功能、设备相互连接顺序、相互位置及工作原理。因此，作为一名工程技术人员必须了解、掌握电气符号的含义、标注原则和使用方法，才能看懂电路图。

1. 图形符号

图形符号通常指的是用于图样或其他文件以表示一个设备或概念的图形、标记或字符。GB/T 4728—2008 中的部分常用图形示意见表 4.3。

2. 文字符号

文字符号是用于表示电气设备、装置和元器件的名称、功能、状态和特征，一般标注在电气设备、装置和元器件之上或附近。文字符号还有为项目代号提供种类和功能的字母代码、为限定符号与一般图形符号配合使用而派生出来新图形符号的作用。

表 4.3　　　　　　　　　　　　　**电气工程图中的部分通用图形符号**

序号	图形符号	说明
1		开关（机械式）电气图形符号
2		多级开关一般符号单线表示
3		多级开关一般符号多线表示
4		接触器（在非动作位置触点断开）
5		接触器（在非动作位置触点闭合）
6		负荷开关（负荷隔离开关）
7		具有自动释放功能的负荷开关
8		熔断器式断路器
9	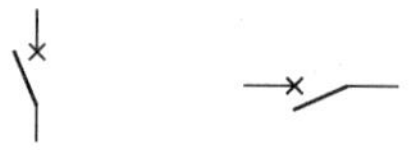	断路器
10		隔离开关
11		熔断器一般符号
12		跌落式熔断器
13		熔断器式开关
14		熔断器式隔离开关
15		熔断器式负荷开关
16		当操作器件被吸合时延时闭合的动合触点
17	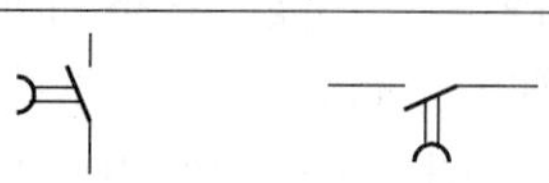	当操作器件被释放时延时闭合的动合触点

续表

序号	图形符号	说明
18		当操作器件被释放时延时闭合的动断触点
19		当操作器件被吸合时延时闭合的动断触点
20		当操作器件被吸合时延时闭合和释放时延时断开的动合触点
21	E-\	按钮开关（不闭锁）
22		旋钮开关、旋转开关（闭锁）
23		位置开关，动合触点 限制开关，动合触点
24		位置开关，动断触点 限制开关，动断触点
25		动合（常开）触点 注：本符号也可用作开关一般符号
26		动断（常闭）触点
27		换接片
28		双绕组变压器
29		三绕组变压器
30	TA	自耦变压器
31		电抗器

续表

序号	图形符号	说明
32		电流互感器 脉冲变压器
33		具有两个铁芯和两个二次绕组的电流互感器
34		在一个铁芯上具有两个二次绕组的电流互感器
35		三相变压器 星形—三角形连接
36		具有有载分接开关的三相变压器 星形—三角形连接
37		三相变压器 星形—曲折形连接
38		操作器件一般符号
39		热继电器的驱动器件
40		电压表
41		电流表
42		无功功率表
43		功率因数表
44		频率表

　　电气技术中的文字符号分为基本文字符号和辅助文字符号两类，基本文字符号又分为单文字符号和双文字符号。部分电气设备常用文字符号见表 4.4。

表 4.4　　　　　　　　　　　　　部分电气设备常用文字符号

设备、装置和元、器件种类	名称举例	基本文字符号	
电容器	电容器	C	
保护器件	过电压放电器件 避雷器	F	
	具有瞬时动作的限流保护器件		FA
	具有延时动作的限流保护器件		FR
	具有延时和瞬时动作的限流保护器件		FS
	熔断器		FU
	限压保护器件		FV
信号器件	声响指示器	H	HA
	光指示器 指示灯		HL
继电器 接触器	瞬时接触继电器 瞬时有或无继电器 交流继电器	K	KA
	闭锁接触继电器（机械闭锁或永磁铁式有或无继电器、双稳态继电器）		KL
	接触器		KM
	极化继电器		KP
	簧片继电器 逆流继电器		KR
	延时有或无继电器		KT
电感器 电抗器	感应线圈 线路陷波器 电抗器（串联合并联）	L	
电动机	电动机	M	
	同步电动机		MS
	可做发电机或电动机用的电机		MG
	力矩电动机		MT
测量设备 试验设备	指示器件 记录器件 积算测量器件 信号发生器	P	

续表

设备、装置和元、器件种类	名称举例		基本文字符号
测量设备 试验设备	电流表	P	PA
	（脉冲）计数器		PC
	电能表		PJ
	记录仪表		PS
	时钟 操作时间表		PT
	电压表		PV
电力电路的开关器件	断路器	Q	QF
	电动机保护开关		QM
	隔离开关		QS
控制、记忆、信号电路的 开关器件选择器	控制开关 选择开关	S	SA
	按钮开关		SB
	液体标高传感器		SL
	压力传感器		SP
	位置传感器（包括接近传感器）		SQ
	转速传感器		SR
	温度传感器		ST
变压器	电流互感器	T	TA
	控制电路电源用变压器		TC
	电力变压器		TM
	磁稳压器		TS
	电压互感器		TV
端子插头插座	连接片	X	XB
	测试插孔		XJ
	插头		XP
	插座		XS
	端子板		XT
电气操作的机械器件	电磁铁	Y	YA
	电磁制动器		YB
	电磁离合器		YC
	电磁吸盘		YH
	电动阀		YM
	电磁阀		YV

双文字符号由双字母组成，其组合形式应以单字母符号在前，另一个字母在后面。例如"GB"表示蓄电池。只有当单字母符号不能满足要求，需要进一步划分时才采用双字母符号，以便详细表述电气设备、装置和元器件。例如"F"表示保护器件，而"FU"表示熔断器，"FR"表示具有延时动作的限流保护器件等。双字母符号的第一位字母只允许表 4.4中的单字母所表示的种类使用，第二位字母通常选用该类设备、装置和元器件的英文名词的首字母，或常用缩写或约定俗成的字母。例如，"G"为电源单字母符号。

文字符号的组合形成一般为：基本符号＋辅助符号＋数字序号。例如，第 3 组熔断器，其符号为 FU3；第 2 个接触器，其符号为 KM2。

四、项目代号

项目是指在电气图上用一个图形符号表示的基本件、部件、组件、功能单元、设备、系统等，如电阻器、继电器、发电机、开关设备、配电系统、电力系统等。

项目代号是用于识别图、图表、表格中和设备上的项目种类，并提供项目的层次关系、实际位置等信息的一种特定的代码。通过项目代号可以将图、图表、表格、技术文件中的项目和实际设备中的该项目一一对应和联系起来。

一个完整的项目代号是由 4 个具有相关信息的代号段组成，每个代号段都崩特定的前缀符号加以区分，它们分别是：

种类代号段，其前缀符号为"－"。

高层代号段，其前缀符号为"＝"。

位置代号段，其前缀符号为"＋"。

端子代号段，其前缀符号为"："。

（1）种类代号。其用于识别项目种类的代号，是项目代号的核心部分。种类代号一般由字母代码和数字组成，其中的字母代码必须是规定的文字符号。例如，－K2 表示第 2 个继电器；－QS3 表示第 3 个电力隔离开关。

（2）高层代号。系统或设备各任何较高层次（对给予代号的项目而言）项目的代号，称为高层代号。高层代号可用任意选定的字符、数字表示。高层代号表示方法举例如下：

S1 系统中的第 2 个断路器 QF2，可表示为＝S1－QF2；

S 系统第 2 个子系统中第 3 个电流表 PA3，可表示为＝S＝2－PA3，简化为＝S2－PA3。

（3）位量代号。项目在组件、设备、系统或建筑物中的实际位置的代号，称为位置代号。位置代号通常由规定的拉丁字母或数子组成。在使用位置代号时，应给出表示该项目位置的示意图。

（4）端子代号。用以同外电路进行电气连接的电器导电件的代号，称为端子代号，一般用于表示接线端子、插头、插座、塞孔、连接片一类元件的端子。端子代号通常采用数字或大写字母表示。例如，－X：5 表示端子板 X 的 5 号端子；－K4：C 表示继电器 K4 的 C 号端子。

一个项目可以由一个代号段组成，也可以由几个代号段组成。通常，种类代号可单独表示一个项目，其余大多应与种类代号组合起来，才能较完整地表示一个项目。

课题二　电气图的绘制与设计

电路图的种类较多，按图纸的用途分，常见的有电气原理图、平面布置图、安装接线图。

一、电气原理图

电气原理图也称接线原理图或原理接线图。它表示电流从电源到负载的传送情况和电器元件的动作原理（不表示电器元件的实际结构尺寸、安装位置和实际的配线方法）。电气原理图能够清楚地表明电流流经的所有路径、控制电器和负载的相互关系，以及电器动作原理。电气原理图是绘制安装接线图的基本依据，在运行维护、调试和处理故障时都是不可缺少的。二次电气原理图可分为集中式二次电路图、分开式二次电路图和半集中式二次电路图。

（一）集中式二次电路图

集中式二次电路图，过去习惯称为整体式原理电路图，是把二次设备或装置各组成部分的图形符号，按照其相互关系、动作原理集中绘制在一起的电路，以整体的形式表示各二次设备之间的电气连接，一般将一次系统的有关部分画在一起。通过集中式二次电路图可对二次系统的构成、动作过程和工作原理有一个明确的整体概念。图 4.3 所示为三段式电流保护单相原理接线图。

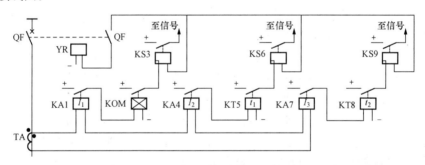

图 4.3　三段式电流保护单相电气原理图

由图 4.3 可看出集中式二次电路图具有以下特点：

（1）集中式二次电路图是以设备、元件为中心绘制的电路图，各种设备元件均以集中的形式表示，由此可对二次系统有一个明确的整体概念。

（2）集中式二次电路图中，往往将有关的一次系统及主要的一次设备简要地绘制在二次电路图的一旁，以便更加清晰、具体地表明二次系统对一次系统的监视、测量、保护等功能。

（3）在集中式二次电路图中，各种二次设备元件的内部结构、连接线、接线端子一般不予画出，以便突出二次系统的整体工作原理。

同时，也可发现，在集中式二次电路图中，各设备元件的接线端子没有标号，各种电气连接线没有标记，无法了解各元件内部之间的接线情况；电源仅示出其种类，如"＋"、"－"、"L"、"N"等，未表示引自何处；信号部分仅示出"至信号"，其内容没有详细表示。所以，不能按集中式二次电路图去接线、查线。对于较复杂的二次系统，由于设备元件及连接线很多，很难用该种电路图表示，即使画出了图，也很难阅读。

（二）分开式二次电路图

分开式二次电路图，过去也习惯称为展开式原理接线图，是将二次系统中的设备元件按分开式方法表示，即设备元件各组成部分分别绘制在不同电源的电路（亦称问路）中，主要用于说明二次系统工作原理。

分开式二次电路图基本出发点是按回路展开绘制，如交流电流回路、交流电压回路、直流回路等。如图 4.4 所示，以某 35kV 三段式电流保护电气原理图为例，图中包括了以下几个基本回路：

（1）交流电流回路，电源是电流互感器二次绕组，负载是电流继电器的线圈 1KA 和 2KA 等构成；

（2）直流电压回路，也称为直流操作回路，电源是直流电压（＋、－），负载是时间继电器线圈 KT 和断路器 QF 的跳闸线圈 Yon 等；

（3）直流信号回路，电源是直流电压（＋、－），负载是信号电器 KS。

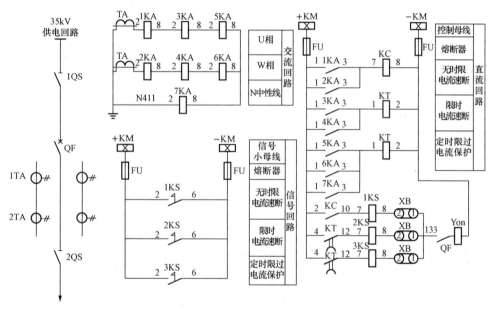

图 4.4　35kV 三段式电流保护电气原理图

分开式二次电路图具有如下特点：

（1）以回路为中心绘制，将各个设备元件的不同组成部分分别画在不同回路中。例如电流继电器 1KA 的线圈在交流电流回路，其动合触点却绘制在直流电压回路。

（2）同一设备元件的不同组成部分标注同一个文字符号，通过文字符号来反映它们之间的联系。例如时间继电器的线圈和延时闭合的动合触点都标注为"KT"。

（3）在每个回路中，依次从上到下排列成若干行（当水平布置时）或从左到右排列成若干列（当垂直布置时），行从上到下按系统动作顺序排列；对于多相电路，通常按相序从上到下或从左到右排列。每行元件的排列一般也按动作顺序从左至右排列。

（4）在水平布置中，每一回路的右侧一般都有简单的文字说明，用以说明电路的名称、功能等。这些文字说明是图的重要组成部分，读图时应给予足够的重视。

（5）各回路的供电电源，除电流互感器外，一般都是通过各种电源小母线引入的。二次电路图中常用小母线将在后文介绍。

（6）为了安装接线和维护检修，在分开式二次电路图中，对每个回路及其元件间的连接线一般标注回路编号。

（三）二次回路编号

为了便于施工和投入运行后进行维护检修，在二次回路图中应进行回路编号。回路编号应做到：根据编号能了解该回路的用途和性质，根据编号能进行正确的连接。回路编号的要求是简单、易记、清晰和便于辨识。通常用的回路编号是根据国家标准拟定的。

1. 交流回路和直流回路的编号

（1）一般回路编号用 2～4 位数字组成。表 4.5 为直流回路数字编号。交流回路还要标明回路的相别，可在数字编号前面增注文字符号。表 4.6 为交流回路数字编号。

表 4.5　　　　　　　　　　　　　　　　直 流 回 路 数 字 编 号

回路名称	数字标号组			
	Ⅰ	Ⅱ	Ⅲ	Ⅳ
正电源回路	101	201	301	401
负电源回路	102	202	302	402
合闸回路	103～131	203～231	303～331	403～431
绿灯或合闸回路监视继电器回路	103	203	303	403
跳闸回路	1133、1233	2133、2233	3133、3233	4133、4233
备用电源自动合闸回路	150～169	250～269	350～369	450～469
开关设备的位置信号回路	170～189	270～289	370～389	470～489
事故跳闸音响信号回路	190～199	290～299	390～399	490～499
保护回路	01～099（或 0101～0999）			
发电机励磁回路	601～699（或 6011～6999）			
信号及其他回路	701～799（或 7011～7999）			
断路器位置遥信回路	801～809（或 8011～8999）			
断路器合闸线圈或操动机构电动机回路	871～879（或 8711～8799）			
隔离开关操作闭锁回路	881～889（或 8810～8899）			
发电机调速电动机回路	991～999（或 9910～9999）			
变压器零序保护共用电源回路	001、002、003			

（2）对于不同用途的回路规定了编号数字的范围，对于一些比较重要的常用回路（如直流正、负电源回路，跳、合闸回路等）都给予了固定的编号。

（3）二次回路的编号，还应根据等电位原则进行，就是在电气回路中遇于一点的全部导线都用同一个编号表示。当回路经过开关电器或继电器触点等隔开后，因为在开关电器或触点断开时，其两端已不是等电位了，所以应给予不同的编号。

（4）表 4.5 中文字Ⅰ、Ⅱ、Ⅲ、Ⅳ表示四个不同的编号组，每一组应用于一对熔断器引下的控制回路编号。例如对于一台三绕组变压器，每一侧装一台断路器，其符号分别为QF1、QF2 和 QF3，即对每一台断路器的控制回路应取相对应的编号。例如，对 QF1 取

101~199，QF2 取 201~299，QF3 取 301~399。

（5）直流回路编号是先从正电源出发，以奇数顺序编导，直到最后一个有压降的元件为止。如果最后一个有压降的元件的后面不是直接连在负极上，而是通过连接片、开关电器或继电器触点等接在负极上，则下一步应从负极开始以偶数顺序编号至上述的已有编号的结点为止。

（6）在工程具体实践中，并不需要对展开图中的每一个结点都进行回路编号，而只对引至端子排上的回路加以编号即可。在同一屏上互相连接的电气设备，在屏背面接线图中有相应的标志方法。

（7）交流回路数字标号组见表 4.6。电流互感器及电压互感器二次回路编号，是按一次系统接线中电流互感器与电压互感器的编号相对应来分组的。例如某一条线路上分别装上两组电流互感器，一组供继电保护用，取符号为 TA1-1，另一组供测量表计用，取符号为 TA1-2，则对 TA1-1 的二次回路编号应是 U111~U119、V111~V319、W111~W119 和 N111~N119，而对 TA1-2 的二次回路编号应是 U121~U129、V121~V129、W121~W129 和 N121~N129，其余类推。

表 4.6　　　　交 流 回 路 数 字 编 号

回路名称	互感器文字符号及电压等级	回路标号组				零序
		U 相	V 相	W 相	中性线	
保护装置及测量表计的电流回路	TA	U11~U19	V11~V19	W11~W19	N11~N19	L11~L19
	TA1-1	U111~U119	V111~V119	W111~W119	N111~N119	L111~L199
	TA1-2	U121~U129	V121~V129	W121~W129	N121~N129	L121~L129
	TA1-9	U191~U199	V191~V199	W191~W199	N191~N199	L191~L199
	TA2-1	U211~U219	V211~V219	W211~W219	N211~N219	L211~L219
	TA2-9	U291~U299	V291~V299	W291~W299	N291~N299	L291~L299
保护装置及测量仪表电压回路	TV1	U611~U619	V611~V619	W611~W619	N611~N619	L611~L619
	TV2	U621~U629	V621~V629	W621~W629	N621~N629	L621~L629
	TV3	U631~U639	V631~V639	W631~W639	N631~N639	L631~L639
经隔离开关辅助触点继电器切换后的电压回路	6~10kV	U（W，N）760~769，V600				
	35kV	U（W，N）730~739，V600				
	110 kV	U（V，W，L，试）710~719，N600				
	220 kV	U（V，W，L，试）720~729，N600				
	330、500 kV	U（V，W，L，试）730~739，N600、U（V，W，L，试）750~759，N600				
绝缘监察电压表的公用回路	—	U700	V700	W700	N700	—
母线差动保护用电流回路	6~10kV	U360	V360	W360	N360	—
	35 kV	U330	V330	W330	N330	
	110 kV	U310	V310	W310	N310	
	220 kV	U320	V320	W320	N320	
	330（500）kV	U330（U350）	V330（V350）	W330（W350）	N330（N350）	

（8）交流电流、电压回路的编号不分奇数与偶数，从电源处开始按顺序编号。虽然对每只电流、电压互感器只给 9 个号码，但一般情况下是够用的。

2. 小母线的编号

电路图中的小母线用粗实线表示，并注以文字符号。例如用"＋"和"－"表示控制回路正、负电源；"M708"表示事故音响信号小母线；"－700"表示信号回路负极电源。表 4.7 为直流控制、信号及辅助小母线文字符号及回路编号。表 4.8 为交流电压及同期小母线的文字符号及回路编号。

表 4.7　　　　　　　　　　直流控制、信号及辅助小母线文字符号及回路编号

小母线名称	原编号		新编号	
	文字符号	回路标号	文字符号	回路标号
控制回路电源	＋KM、－KM	—	＋、－	—
信号回路电源	＋XM、－XM	701、702	＋700、－700	7001、7002
事故音响信号 （不发遥信时）	SYM	708	M708	708
事故音响信号 （用于直流屏）	1SYM	728	M728	728
事故音响信号 （用于配电装置时）	2SYM$_I$、 2SYM$_{II}$、2SYM$_{III}$	727$_I$、 727$_{II}$、727$_{III}$	M7271、 M7272、M7273	7271、7272、7273
事故音响信号 （发遥信时）	3SYM	808	M808	808
预告音响信号 （瞬时）	1YBM、2YBM	709、710	M709、M710	709、710
预告音响信号 （延时）	3YBM、4YBM	711、712	M711、M712	711、712
预告音响信号 （用于配电装置时）	YBM$_I$、 YBM$_{II}$、YBM$_{III}$	729$_I$、 729$_{II}$、729$_{III}$	M7291、 M7292、M7293	7291、7292、7293
控制回路断线 预告信号	KDM$_I$、 KDM$_{II}$、KDM$_{III}$			
灯光信号	（－）XM	726	M726	726
装置配电信号	XPM	701	M701	701
闪光信号	（＋）SM	100	M100（＋）	100
合闸	＋HM、－HM		＋、－	
"掉牌未复归"光字牌	FM、PM	703、716	M703、M716	703、716
指挥装置音响	ZYM	715	M715	715
自动调节周波脉冲	1TZM、2TZM	717、718	M717、M718	717、718
自动调节电压脉冲	1TYM、2TYM	Y717、Y718	M7171、M7181	7171、7181
同步装置越前时间调整	1TQM、2TQM	719、720	M719、M720	719、720

小母线名称	原编号		新编号	
	文字符号	回路标号	文字符号	回路标号
同步装置发送合闸脉冲	1THM、2THM、3THM	721、722、723	M721、M722、M723	721、722、723
隔离开关操作闭锁	GBM	880	M880	880
旁路闭锁	1PBM、2PBM	881、900	M881、M900	881、900
厂用电源辅助信号	+CFM、−CFM	701、702	+701、−701	7011、7012
母线设备辅助设备	+MFM、−MFM	701、702	+702、−702	7021、7022

表 4.8　　　　　　交流电压及同期小母线的文字符号及回路标号

小母线名称	原编号		新编号	
	文字符号	回路标号	文字符号	回路标号
同步电压（运行系统）小母线	TQM′a　TQM′c	A620、C620	L1′-620、L3′-620	U620、W620
同步电压（待并系统）小母线	TQMa　TQMc	A610、C610	L1-610、L3-610	U610、W610
自同步发电机残压小母线	TQMj	A780	L1-780	U780
第一组（或奇数）母线段电压小母线	1YMa、1YMb（YMb）、1YMc、1YM$_L$、1ScYM、YM$_N$	A630、B630（B600）、C630、L630、Sc630、N600	L1-630、L2-630（600）L3-630、L-630、L3-630（试）、N600（630）	U630、V630（V600）、W630、L630、（试）W630、N600（630）
第二组（或偶数）母线段电压小母线	2YMa、2YMb（1YMb）、2YMc、2YM$_L$、2ScYM、YM$_N$	A640、B640（B600）、C640、L640、Sc640、N600	L1-640、L2-640（600）L3-640、L-640、L3-640（试）、N600（640）	U640、V640（V600）、W640、L640、（试）W640、N600（640）
6～10kV 备用线段电压小母线	9YMa、9YMb、9YMc	A690、B690、C690	L1-690、L2-690、L3-690	U690、V690、W690
转角小母线	ZMa、ZMb、ZMc	A790、B790（B600）、C790	L1-790、L2-790（600）、L3-790	U790、V790（V600）、W790
低电压保护小母线	1DYM、2DYM、3DYM	011、013、02	M011、M013、M02	011、013、02
电源小母线	DYMa、DYM$_N$		L1、N	
旁路母线电压切换小母线	YQMc	C712	L3-712	W712

注　表中交流电压小母线的符号和标号，适用于电压互感器（TV）二次侧中性点接地；括号中的符号和标号，适用于（TV）二次侧 V 相接地。

二、屏面布置图

屏面布置图是一种采用简化外形符号（框形符号）表示屏面设备布置的位置简图，是屏的一种正面视图。该图是加工制造屏、盘，安装屏、盘上设备的依据，尤其该图与单元接线图相对应，可供安装接线、查线，维护管理过程中核对屏内设备的名称、位置、用途及拆装、维修等用。

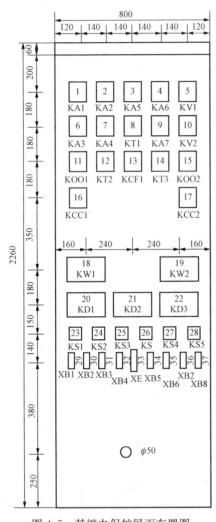

图 4.5　某继电保护屏面布置图

二次设备屏主要有两种类型：一种是纯二次设备屏，如各种控制屏、信号屏、继电保护屏等，主要用于电站、变电站、大型电气设备的控制室中；另一种屏是一、二次设备混合安装的屏，一般是屏内装一次设备，屏面装操作手柄及各种二次设备，如电工仪表、继电器、信号灯等，常见的高、低压配电屏就属于这种类型。

屏面布置图具有以下特点：

（1）屏面布置的项目通常用实线绘制的正方形、长方形、圆形等框形符号或简化外形符号表示，个别项目也可采用一般符号。

（2）符号的大小及其间距尽可能按比例绘制，但某些较小的符号允许适当放大绘制。

（3）符号内或符号旁可以标注与电路图中相对应的文字代号，如仪表符号内标注"A"、"V"等代号，继电器符号内标注"KA"、"KV"等。

（4）屏面上的各种二次设备，通常是从上至下依次布置指示仪表、光字牌、继电器、信号灯、按钮、控制开关和必要的模拟线路。

图 4.5 所示为某继电保护屏面布置图。各项目按相对位置布置，一般采用框形符号；信号灯、按钮、连接片等采用一般符号。项目的大小没有完全按实际尺寸画出，但项目的小心间距则标注了严格的尺寸。各标志符号中设备的文字应与原理图、展开图及设备表上所用的文字符号一致，以便于互相对照、查阅，标志符号中的设备顺序号和设备表中的顺序号相同，以便在设备表中查出这个设备的名称、型号和规格。设备表中有的设备在屏面布置图中找不到，表明该设备不在屏的正面，而是装在屏的背后。例如电阻、熔断器、小闸刀等，在设备表的备注栏中有说明。

三、安装接线图

安装接线图是表示二次设备连接关系的一种简图，是二次系统进行布置、安装、接线、查找、调试、维修和故障分析处理的主要依据。

安装接线图按照功能的不同，可分为单元接线图、互连接线图、端子接线图、电缆配置图。下面重点介绍端子接线图和单元接线图。

（一）端子接线图

端子是用来连接器件和外部导线的导电件，是二次接线中不可缺少的配件。屏内设备与屏外设备之间的连接是通过端子和电缆来实现的。许多端子组合在一起构成端子排。保护屏和控制屏的端子排，多数采用垂直布置方式，安装在屏后的两侧。有些成套保护屏采用水平布置方式，安装在屏后的下部或中部。

1. 端子的种类

常用端子的种类及用途见表 4.9。

表 4.9　　　　　　　　　　　　常用端子的种类及用途

序号	种类	特点及用途
1	一般端子	连接电气装置不同部分的导线
2	试验端子	用于电流互感器一次绕组出线与仪表、继电器线圈之间的连接，可从其上接入试验仪表，对回路进行测试
3	连接型试验端子	用于在端子上需要彼此连接的电流试验回路中
4	连接端子	用于回路分支或合并，端子间进行连接用
5	终端端子	用于端子排的终端或中间，固定端子或分隔安装单位
6	标准端子	用于需要很方便地断开的回路中
7	特殊端子	可在不松动或不断开已接好的导线情况下断开回路
8	隔板	作绝缘隔板，以增加绝缘强度和爬电距离

2. 端子排图的表示方法

在安装接线图上，端子排一般采用三格的表示方法，除其中一格表示主端子序号及表示端子形式以外，其余的表明设备的符号及回路编号。图 4.6 为屏右侧端子排的三格表示方法。图中从左至右每格的含义如下：

第一格：屏内设备的文字符号及设备的接线螺钉号。

第二格：端子的序号和型号。

第三格：安装单位的回路编号和屏外或屏顶引入设备的符号及螺钉号。有时将第二格分为两格分别表示上述含义。

3. 应经过端子排连接的回路

（1）屏内设备与屏外设备的连接，同一屏上各安装单位之间的连接，以及为节省控制电缆需要经本屏转接的转接回路等，均应经过端子排。

（2）屏内设备与直接接在小母线上的设备（如熔断器、电阻、隔离开关等）的连接一般经过端子排。

（3）各安装单位主要保护的正电源一般经过端子排，其负电源应在屏内设备之间接成环形，环的两端分别接到端子排。其他回路一般均在屏内连接。

（4）电流回路应经过试验端子；预告信号及事故信号回路和其他需要断开的回路，一般经过特殊端子或试验端子。

4. 端子排排列原则

为方便运行、检修、调试，一般端子排遵照以下原则来布置和排列：

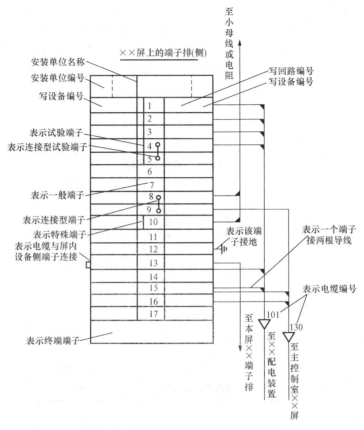

图 4.6　端子排的三格表示方法示意图

（1）当同一块屏上只有一个安装单位时，端子排的放置位置与屏内设备位置相对应。如设备的大部分靠近屏的右侧，则端子排放在屏的右侧，这样既省料又方便。

（2）当同一块屏上有几个安装单位时，则每一安装单位均有独立的端子排，它们的排列应与屏面布置相配合。

（3）端子形式的选用，需根据具体情况来决定。一般来说，交流电流回路应选用试验端子，预告和信号回路及其他需要断开的回路，则应选用特殊端子或试验端子。

（4）每一安装单位的端子排上，必须预留一定数量的备用端子；否则，如若需要增加接线，势必造成很大的麻烦。同时，必须在端子排的两端装设终端端子。

（5）当同一个安装单位的端子过多（一般屏每侧装设端子的数量最多不超过 135 个）或一块屏只有一个安装单位时，可将端子排布置在屏的两侧。但此时应按交流电流、交流电压、信号、控制等回路分组排列。

（6）正、负电源之间，经常带正电的正电源，合闸和跳闸回路之间的端子不应相毗邻，一般需用一个空端子隔开。特别是户外的端子箱中更应如此，以免端子排因受湿造成短路，使断路器误动作。

（7）一个端子的每一个接线螺钉，一般只接一根导线；特殊情况下，最多可接两根导线。接于普通端子的导线截面，一般不应超过 6mm²。

（8）端子排上的回路安装顺序应与屏面设备相符，以避免接线迂回曲折。端子排垂直布置时，应按自上而下依次排列交流电流回路、交流电压回路、信号回路、控制回路和其他回路。

（二）单元接线图

单元接线图是表示成套装置或设备中一个结构单元内部连接关系的一种接线图。为了清楚地表示这种连接关系，通常按装置或设备的背面布置绘制，所以单元接线图又称屏背面接线图，它表示了一个单元（如控制屏、配电屏）内部各个项目（即元器件）的屏背面内部连接情况。

单元接线图是以屏面布置图为基础，并以二次电路图为依据而绘制成的接线图。它标明了屏上各个设备的图形符号、顺序编号以及各个设备引出端子之间的连接情况和设备与端子排之间的连接情况。它是一种指导屏上配线工作的图，是制造厂生产过程中配线的依据，也是施工和运行时的重要参考图纸。

1. 项目的表示与布置

单元内的元件、器件、部件和设备等项目，一般采用简化外形符号（如矩形、正方形、圆）表示。一些简单的元件，如电阻、电容、信号电器等，可以用图形符号表示。各设备的引出端子，应按实际排列顺序画出。设备的内部接线，一般不需要画出，但对于有助于某些器件工作原理的了解和便于检查测试（如继电器），也可简单画出其内部结构示意图，一般只画出与引出端子有关的线圈及触点。对于安装在屏正面的设备，从屏后看见轮廓者，其边框应用虚线表示。对于内部接线复杂的晶体管继电器，可只画出与引出端子有关的线圈及触点，并标出电源的正、负极性。

项目的布置是根据屏背面的视图，将代表项目的简化外形符号或一般符号等按项目的相对位置布置。不要求按比例尺绘制，但要保证项目的相对位置正确，即上下、左右位置不能改变。对于有多面布线的单元，可按屏背面上顶、下底、左右侧面、后面、前面展开，各个项目分别布置在各视图上。

2. 项目的标注

单元接线图中，在各个项目图形的上方应加以标注。标注的内容有：①安装单位编号及设备顺序号；②与分开二次电路图一致的该项目的文字符号；③与设备表一致的该项目的型号。如图 4.7 所示，在项目的上方有一圆，圆中有一横线，横线上方表示安装设备的单元顺序号和设备序号，如"Ⅰ"表示安装单位顺序，"1"、"2"、"3"表示设备单元内项目顺序，其横线的下方表示项目的文字符号。在项目的简化外形符号或一般符号旁标注项目号。

3. 导线的表示和标记

项目间的端子是通过导线连接的。在接线图中，导线的表示有中断线、连续线、单线、多线等形式。对于端子比较少且布置在一起的项目，可采用连续线表示，显得直观和方便。在电气工程图中，一般采用中断线表示导线。

在中断线表示法中，为了便于识别导线的去向，需要对导线进行标记。导线的标记方法很多，在电气工程图中，应用较广的是从属远端的相对标记法，简称相对标记法（也称相对编号法）。

所谓相对标记法是在本端的端子处标记远端所连接的端子的号，如甲、乙两个端子用导线连接，用中断表示时，在甲端子旁标上乙端子的号，在乙端子旁标上甲端子的号。如果在

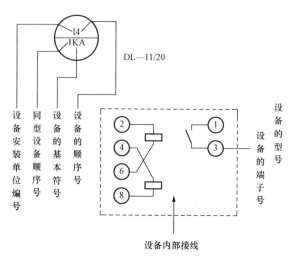

图 4.7　背面接线图上的设备符号示例

某个端子旁边没有标号，说明该端子是空着的，没有连接对象；如果有两个标号，说明该端子有两个连接对象。

图 4.8 所示为相对编号法的应用。图中包含有项目端子排Ⅰ，电流继电器 KA1、KA2。电流继电器 KA1 的 1 号端子标号Ⅰ：5 和 12：1，表明该端子应与端子排Ⅰ的 5 号端子和 12 的 1 号端子相连；同样在端子排Ⅰ的 5 号端子和 I2 的 1 号端子分别标号为 I1：1，表明这两个端子是与 I1 设备（即电流继电器 KA1）的 1 号端子相连。两者遥相呼应，分别标注对方的标号，其他端子也是如此。

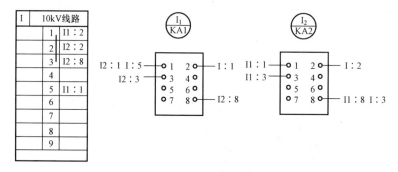

图 4.8　相对编号法的应用

课题三　电气图的识读方法

一、电气识图的基本要求

电工识图要做到"五结合"。

1. 结合电工基础知识识图

各种变配电站、电力拖动、照明及电子电路等的设计，都离不开电工基础。为能够正确而迅速地识图，具有良好的电工基础知识是十分重要的。例如，变配电站中各电路的串联、并联设计及计算，为了提高功率因数而采用补偿电容的计算及设备。又如，电力拖动中常用的笼型异步电动机的正转、反转控制，是根据三相电源相序决定电动机的旋转方向的原理从而达到实现电动机正、反转，而丫-△启动则利用的是电压的变动引起电动机启动电流及转矩变化的原理。

2. 结合电器元件的结构和工作原理识图

电路是由各种元器件、设备、装置组成的。例如，电子电路中的电阻、电容、电感等，供电系统中的高低压变压器、各种电压等级的隔离开关、断路器、熔断器、继电路、控制开关、各种高低压柜等。必须掌握它们的用途、主要构造、工作原理及与其他元件的相互关系，才能更好地读懂电路图。

3. 结合典型的电路知识识图

一张复杂的电路图总是由常用的、典型电路派生出来的。在识图的过程中，抓住典型电路，分清主次环节及与其他部分之间的联系，对于识图来说是很有必要的。例如，供配电系统中电气主接线主要形式有单母线接线、单母线分段、双母线接线等。

4. 结合电气图的绘图特点来识图

掌握电气图的主要特点及绘图的一般规则，如电气图的布局、图形符号、文字符号、主副电路的位置等，对识图有很大帮助的。

5. 结合其他相关专业知识识图

电气图往往同其他相关专业知识（如土建、管道、机械设备等）是有密切联系的。

二、电气识图的基本步骤

1. 看供配电系统电气图的基本步骤

（1）看图样的说明。其包括首页的目录、技术说明、设备材料明细表和设计、施工说明书。由此可对工程项目的设计有一个大致的了解，有助于抓住识图的重点内容。

（2）看电气原理图。看图的步骤一般是：从标题栏、技术说明到图形、元件明细表，从整体到局部，从电源到负载，从主电路到副电路。在看电气原理图的时候，先要分清主电路和副电路，交流电路和直流电路，再按照先主电路，后副电路的顺序读图。

看主电路时，一般时从上到下即由电源经开关设备及导线负载方向看；看副电路时，则是电源开始依次看各个电路，分析各副电路对主电路的控制、保护、测量、指示功能。

（3）看安装接线电路图。在看安装电路图的原则是：先看主电路，再看副电路。在看主电路的时候是从电源引入端开始，经过开关设备、线路到用电设备；看副电路时，也是从电源出发，按照元件连接顺序依次对回路进行分析。

安装接线电路图是由接线原理图绘制出来的，因此，看安装接线电路图的时候，要结合接线原理对照起来阅读。此外，对回路标号、端子排上内外电路的连接的分析，对识图也是有一定帮助的。

（4）看展开接线图。看展开接线图时应该结合电气原理图进行阅读，一般先从展开回路名称，然后从上到下，从左到右。要特别注意的是：在展开图中，同一种电气元件的各部件是按照功能分别画在不同回路中的（同一电气元件的各个部件均标注统一项目代号，器件项目代号通常是由文字符号和数字编号组成），因此，读图的时候要注意这种元件各个部件动作之间的关系。

同样要指出的是，一些展开图中的回路在分析其功能时往往不是按照从左到右，从上到下的顺序动作的，可能是交叉的。

（5）看平面、剖面布置图。在看电气图时，要先了解土建、管道等相关图样，然后看电气设备的位置，由投影关系详细分析各设备位置具体位置尺寸，并理清各电气设备之间的相互连接关系，线路引出、引入走向等。

2. 看其他类别图样的基本步骤

其他类别的电气图（如电力拖动、电力电子设备图、梯形图等）识读的原则与过程同上述方法大体类似，但也有一些区别。

（1）看标题栏。由此了解电气项目名称、图名等相关内容，对该图的类型、作用、表达有个大概的了解。

（2）看技术说明和技术要求。了解该设计要点、安装要求及图中未予表达而需要说明的信息。

（3）看电气图。这是读图的最终目的，它包括看懂图的组成、各组成部分功能、工作原理及相互联系。由此对该图所要传达的信息有进一步的深入了解。

复 习 题

1. 电气图的基本构成有哪些？
2. 常见的电气图有哪些种类？
3. 请说出常用的端子种类。
4. 什么是相对编号法？

 考核项目　根据已给出的原理图设计安装图和屏面布置图

现给出某 35kV 线路三段式电流保护电路展开接线，如图 4.9 所示。根据现场实际保护屏情况按照标准绘图规范标注屏面布置图尺寸，参考图 4.10 排列方式，并参考图 4.11 用相对编号法设计具体安装接线图和端子排图（端子排图设计格式在参考图 4.10 中所示）。

评分参考标准表如下。

姓名				班级（单位）			
操作时间		时 分至 时 分		累计用时		时 分	
评分标准							
序号	考核项目	考核内容			配分	扣分	得分
1	根据已给出的原理图设计安装图和屏面布置图	根据所给出的原理图，结合实物补充绘制相关电气图，所绘电气图整洁规范，每错误一处扣2分			30		
		电器元件符号正确且标准，每错误一处扣2分			30		
		电气回路编号规范且齐全，每缺失或错误一处扣2分			30		
2	文明生产	整理工具、材料，清理现场，未收拾现场或不干净扣10分			10		
指导老师					总分		

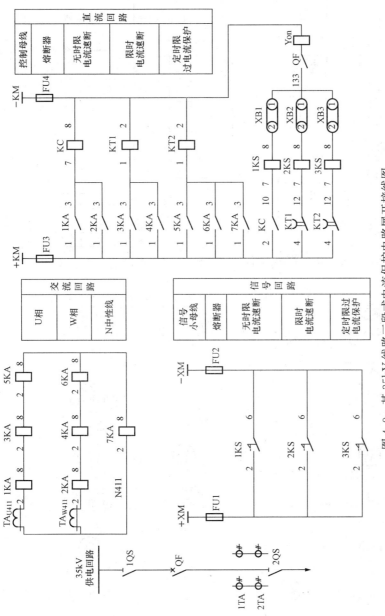

图 4.9　某 35kV 线路三段式电流保护电路展开接线图

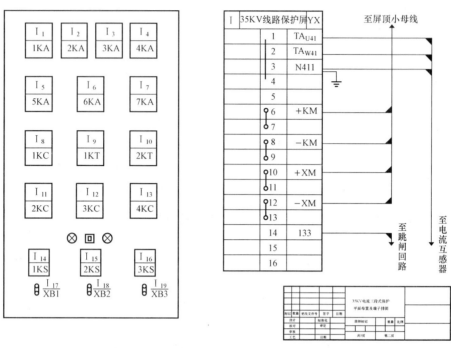

图 4.10　平面布置图和端子排图参考（不完整）

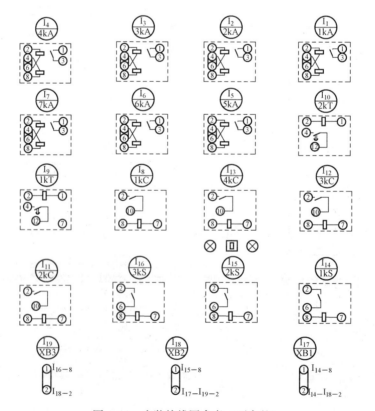

图 4.11　安装接线图参考（不完整）

项目五　继电保护屏的安装

本项目以完整的实际工程项目任务为引导式的教学方式，以 35kV 输电线路三段式电流保护屏的安装为例。

课题一　继电保护的基本知识

一、电力系统继电保护的概念及作用

1. 电力系统的各种故障和不正常运行状态

电力系统故障包括各种短路 $[k^{(3)}$、$k^{(2)}$、$k^{(1)}$、$k^{(1.1)}]$ 和断线（单相和两相），其中最常见同时也最危险的故障是发生各种形式的短路。在发生短路时可能导致以下的后果：

（1）通过故障点的很大的短路电流和所燃起的电弧，使故障元件损坏。

（2）短路电流通过非故障元件，由于发热和电动力的作用，引起元件的损坏或缩短元件的使用寿命。

（3）电力系统中部分地区的电压大大降低，破坏用户工作的稳定性或影响工厂产品质量。

（4）破坏电力系统并列运行的稳定性，引起系统振荡，甚至使整个系统瓦解。

不正常运行状态是指电力系统中电气元件的正常工作遭到破坏，但没有发生故障的运行状态。例如，过负荷、频率降低、过电压、电力系统振荡等。

2. 电力系统继电保护

电力系统继电保护是继电保护技术或继电保护装置的统称。

继电保护技术是一个完整的体系，它主要由电力系统故障分析、继电保护原理、继电保护配置设计、继电保护运行及维护等技术构成。

继电保护装置是能反应电力系统中电气元件发生故障或不正常运行状态，并动作于断路器跳闸或发出信号的一种自动装置。

3. 继电保护的基本任务

（1）自动、迅速、有选择性地将故障元件从电力系统中切除，使故障元件免于继续遭到破坏，保证其他无故障部分迅速恢复正常运行。

（2）反应电气元件的不正常运行状态，并根据运行维护的条件（如有无经常值班人员），动作于发出信号、减负荷或跳闸。

二、电力系统继电保护的基本原理和保护装置的组成

1. 继电保护的基本原理

利用正常运行与区内外短路故障电气参数变化的特征构成保护的判据，根据不同的判据构成不同原理的继电保护。

（1）电流增加（过电流保护）：故障点与电源直接连接的电气设备上的电流会增大。

（2）电压降低（低电压保护）：各变电站母线上的电压也将在不同程度上有很大的降低，

短路点的电压降低到零。

（3）电流电压间的相位角会发生变化（方向保护）：正常为20°左右，短路时为60°～85°。

（4）电压与电流的比值会发生变化（距离保护或阻抗保护）：系统正常运行其比值是负荷阻抗，值较大；系统短路时其比值是保护安装处到短路点之间的阻抗，其值较小。

（5）电流差动保护：正常运行时 $I_i = I_o$，短路时 $I_i \neq I_o$。

（6）分量保护：出现零序、负序分量。

（7）其他非电气量保护：瓦斯保护、过热保护。

2. 继电保护装置的组成

继电保护装置一般由测量部分、逻辑部分和执行部分组成，如图5.1所示。

图5.1　继电保护装置原理结构图

（1）测量部分。测量部分是测量从被保护对象输入的有关电气量，并与已给定的整定值进行比较，根据比较的结果，判断保护是否应该启动。

（2）逻辑部分。逻辑部分是根据测量部分各输出量的大小、性质、输出的逻辑状态、出现的顺序或它们的组合，使保护装置按一定的逻辑关系工作，最后确定是否应该使断路器跳闸或发出信号，将有关命令传给执行部分。继电保护中常用的逻辑回路有"或"、"与"、"否"、"延时启动"、"延时返回"及"记忆"等回路。

（3）执行部分。执行部分是根据逻辑部分输出的信号，最后完成保护装置所担负的任务。例如故障时，动作于跳闸；不正常运行时，发出信号；正常运行时，不动作等。

三、电力系统继电保护的基本要求

动作于跳闸的继电保护，在技术上一般应满足四项基本要求，即选择性、速动性、灵敏性和可靠性。

1. 选择性

继电保护动作的选择性是指保护装置动作时，仅将故障元件从电力系统中切除，使停电的范围尽量小，以保证系统中的无故障部分仍能继续工作。

如图5.2所示，分析如下：

当k1短路时，保护1、2动→跳1QF、2QF，有选择性；

当k2短路时，保护5、6动→跳5QF、6QF，有选择性；

当k3短路时，保护7、8动→跳7QF、8QF，有选择性；

图5.2　继电保护的选择性示意图

若保护7拒动或7QF拒动，保护5动→跳5QF（有选择性）；

若保护7和7QF正确动作于跳闸，保护5动→跳5QF，则越级跳闸（非选择性）。

2. 速动性

快速地切除故障可以提高电力系统并联运行的稳定性，减少用户在电压降低的情况下的工作时间，缩小故障元件的损坏程度。

对继电保护速动性的具体要求，应根据电力系统的接线及被保护元件的具体情况来确定，例如：

（1）根据维持系统稳定的要求，必须快速切除的高压输电线路上发生的故障；

（2）使发电厂或重要用户的母线电压低于允许值（一般为0.7倍额定电压）的故障；

（3）大容量的发电机、变压器及电动机内部发生的故障；

（4）1～10kV线路导线截面过小，为避免过热不允许延时切除的故障等；

（5）可能危及人身安全、对通信系统或铁道信号系统有强烈干扰的故障等。

故障切除的总时间等于保护装置动作时间与断路器动作时间之和。一般的快速保护的动作时间为0.04～0.08s，最快的可达0.01～0.02s；一般的断路器的动作时间为0.06～0.15s，最快的可达0.02～0.06s。

3. 灵敏性

继电保护的灵敏性，是指对于其保护范围内发生故障或不正常运行状态的反应能力。满足灵敏性要求的保护装置应在区内故障时，不论短路点的位置和短路的类型如何，都能灵敏地正确反应。

通常灵敏性用灵敏系数来衡量，表示为K_{sen}。

（1）反应故障参数增加的保护装置（如电流保护），其灵敏系数

$$K_{sen} = \frac{保护区末端金属性短路时保护安装处故障参数的最小值}{保护装置的动作参数} = \frac{I_{k.min}}{I_{act}}$$

（2）反应故障参数降低的保护装置（如低电压保护），其灵敏系数

$$K_{sen} = \frac{保护装置的动作参数}{保护区末端金属性短路时保护安装处故障参数的最大值} = \frac{U_{act}}{U_{k.max}}$$

其中，故障参数的最小、最大计算值是根据实际可能的最不利运行方式、故障类型和短路点来计算的。

4. 可靠性

继电保护装置的可靠性是指在规定的保护范围内发生了保护装置应该动作的故障时，它不应该拒绝动作（拒动），而在该保护不应该动作的情况下，则不应该错误动作（误动）。

影响继电保护装置可靠性的因素有：

（1）内在的：装置本身的质量，包括元件好坏、结构设计的合理性、制造工艺水平、内外接线简明，触点多少等。

（2）外在的：运行维护水平，调试是否正确，安装是否正确。

提高继电保护装置可靠性的措施有：

（1）选用适当的保护原理，在可能条件下尽量简化接线，减少元器件和触点的数量；

（2）提高保护装置所选用的器件质量和工艺水平，并有必要的抗干扰措施；

（3）提高保护装置安装和调试的质量，并加强维护和管理；

（4）采取保护装置多重化。

以上四项基本要求是分析研究继电保护性能的基础，也是贯穿全课程的一个基本线索。在它们之间，既有矛盾的一面，又有在一定条件下统一的一面。

四、电力系统继电保护的分类和发展

1. 继电保护的分类

（1）按被保护的对象分类：输电线路保护、发电机保护、变压器保护、电动机保护、母

线保护等。

（2）按保护原理分类：电流保护、电压保护、距离保护、差动保护、方向保护、零序保护等。

（3）按保护所反应故障类型分类：相间短路保护、接地故障保护、匝间短路保护、断线保护、失步保护、失磁保护及过励磁保护等。

（4）按继电保护装置的实现技术分类：机电型保护（如电磁型保护和感应型保护）、整流型保护、晶体管型保护、集成电路型保护及微机型保护等。

（5）按保护所起的作用分类：主保护、后备保护、辅助保护等。

主保护，是指满足系统稳定和设备安全要求，能以最快速度有选择地切除被保护设备和线路故障的保护。

后备保护，是指主保护或断路器拒动时用来切除故障的保护。其又分为远后备保护和近后备保护两种。

1）远后备保护：当主保护或断路器拒动时，由相邻电力设备或线路的保护来实现的后备保护。

2）近后备保护：当主保护拒动时，由本电力设备或线路的另一套保护来实现后备的保护；当断路器拒动时，由断路器失灵保护来实现后备保护。

辅助保护：为补充主保护和后备保护的性能或当主保护和后备保护退出运行而增设的简单保护。

2. 继电保护的发展

继电保护的原理和结构形式发展为：机电型→电子型→微机型。

五、输电线路电流三段式保护基本知识

电流保护是根据供电网络发生短路时，电源与故障点之间电流增大的特点构成的。

1. 电流Ⅰ段保护——无时限电流速断保护

电流Ⅰ段保护，反应电流升高而不带动作时限动作，电流高于动作值时继电器立即（理论为 0s，实际有固有时间）动作，跳闸线圈驱动断路器动作。电流Ⅰ段保护（无时限电流速断）的单相原理接线图如图 5.3 所示（以整体形式表示各二次设备之间的电气连接）。

电流Ⅰ段保护（无时限电流速断保护）的单相展开图如图 5.4 所示。展开图以分散形式表示二次设备之间的电气连接，分为交流回路和直流回路。

电流速断保护装置加入中间继电器的作用是，线路中管型避雷器放电时间为 0.04～0.06s，在避雷器放电时速断保护不应该动作，为此在速断保护装置中加装一个保护出口中间继电器。一方面扩大接点的容量和数量；另一方面躲过管型避雷器的放电时间，防止误动作。

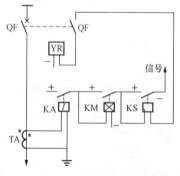

图 5.3　电流Ⅰ段保护（无时限电流速断保护）的单相原理接线图

电流Ⅰ段保护优点是简单可靠，动作迅速。

其缺点是：①不能保护线路全长；②运行方式变化较大时，可能无保护范围；③在线路较短时，可能无保护范围。

特殊情况下，电流Ⅰ段保护也可以保护线路全长。例如，在采用线路—变压器组的接线方式的电网中，将线路和变压器可以看成是一个元件，电流Ⅰ段保护按躲开变压器低压侧短路出口点短路来整定，可以保护线路全长。

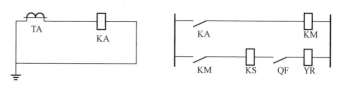

图 5.4　电流Ⅰ段保护（无时限电流速断保护）的单相展开图

2. 电流Ⅱ段保护——带时限电流速断保护

电流Ⅱ段保护，反应电流升高而带动作时限动作，电流高于动作值一定时间继电器动作，跳闸线圈驱动断路器动作。电流Ⅱ段保护（带时限电流速断保护）的单相原理接线图，如图 5.5 所示。其是按与相邻线路电流速断保护相配合且以较短时限获得选择性的电流保护。

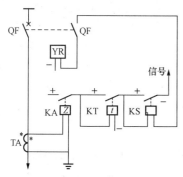

图 5.5　电流Ⅱ段保护（限时电流速断保护）的单相原理接线图

电流Ⅱ段保护的工作原理：①保护范围必须延伸到下一条线路中去；②动作带有一定的时限；③为了保证速动性，时限应尽量缩短。

为了保证选择性，电流Ⅱ段保护比下一条线路电流Ⅱ段保护的动作时限高出一个时间极差或时间阶梯 Δt，取 $\Delta t = 0.3 \sim 0.7 \mathrm{s}$，一般取 $\Delta t = 0.5 \mathrm{s}$。

电流Ⅱ段保护（限时电流速断保护）的单相展开图如图 5.6 所示，电流Ⅱ段保护的优点是时限电流速断保护结构简单，动作可靠，能保护本线路全长；缺点是不能作为相邻元件（下一条线路）的后备保护。

3. 电流Ⅲ段保护——定时限过电流速断保护

电流Ⅲ段保护反应电流升高而带动作时限动作，电流高于动作值一定时间继电器动作，跳闸线圈驱动断路器动作。其电流Ⅲ段保护（定时限过电流保护）单相原理接线图如图 5.7 所示。

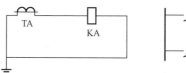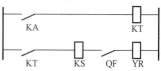

图 5.6　电流Ⅱ段保护（限时电流速断保护）的单相展开图

电流Ⅲ段保护的工作原理：①反应电流增大而动作，它要求能保护本线路的全长和下一条线路全长；②作为本线路Ⅱ段的近后备保护和下一线路的远后备保护，其保护范围应包括下条线路或设备的末端；③过电流保护在最大负荷时，保护不应该动作；④按躲开被保护线路的最大负荷电流，且在自启动电流下继电器能可靠返回。

电流Ⅲ段保护的优点：①结构简单，工作可靠，对单侧电源的放射型电网能保护有选择性的动作；②不仅能作本线路的近后备保护（有时作为主保护），而且能作为下一条线路的远后备；③在放射型电网中获得广泛应用，一般在 35kV 及以下网络中作为主保护。

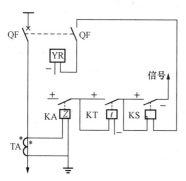

图 5.7　电流Ⅲ段保护（定时限过电流保护）单相原理接线图

其缺点是动作时间长，且越靠近电源端其动作时限越大，对靠电源端的故障不能快速切除。

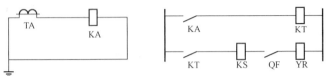

图 5.8　电流Ⅲ段保护（定时限过电流保护）单相展开图

电流Ⅲ段保护（定时限过电流）单相展开图如图 5.8 所示。

六、三段式电流保护的构成

电流Ⅰ段保护只能保护线路的一部分不能保护全长。电流Ⅱ段保护能保护本线路全长，但却不能作为下一线路的后备保护，还必须采用过电流保护作为本线路和下一线路的后备保护。由电流Ⅰ、Ⅱ、Ⅲ段保护相配合可构成的一整套输电线路阶段式电流保护，称为三段式电流保护。

七、三段式电流保护的整定原则

电流Ⅰ段保护是以避开被保护线路外部最大短路电流为整定的原则，是靠动作电流的整定获得选择性。电流Ⅱ段保护则同时依靠动作电流和动作时间获得选择性，并要与下一线路的无时限电流速断保护相配合。电流Ⅲ段保护以躲开线路最大负荷电流和外部短路切除后电流继电器能可靠返回为整定原则，依靠动作电流及时间元件的配合获得选择性。

八、三段式电流保护的动作过程

线路三段式电流保护的原理接线图及展开图如图 4.9 所示。图中 KA1、KA2、KC、KS1 构成第Ⅰ段瞬时电流速断；KA3、KA4、KT1、KS2 构成第Ⅱ段限时电流速断；KA5、KA6、KA7、KT2、KS3 构成第Ⅲ段定时限过电流。三段保护均作用于一个公共的出口 133（跳闸回路），任何一段保护动作均启动跳闸线圈 Yon，使断路器跳闸，同时相应段的信号继电器动作掉牌。值班人员可从其掉牌指示判断是哪套保护动作，进而对故障的大概范围作出判断。

课题二　屏内配线施工

屏（盘）内配线采用铜芯塑料线，用于电压回路的截面不应小于 1.5mm²。同一屏（盘）内的所有配线应采用同一种颜色。由屏（盘）内引至需开启的门上的导线要采用多股铜芯软线。

屏（盘）内配线工作可以分成下线、排线和接线三个步骤。

一、下线

下线工作，应在屏（盘）上的仪表、继电器和其他电器全部装好后进行。以安装接线图为基础，根据安装图的编号及端子排的排列顺序安排每根导线的位置，按照屏（盘）上电器之间导线实际走向确定导线的长度，并留有适当的余度。具体做法是：可用一根旧导线或细铁丝，依下线次序，按屏（盘）上的电器位置，量出每一根连接导线的实际长度；以所量的长度为准，割切导线段。如上所述，割切下的导线段应比量得长度稍长一些，以便配线，但不宜过长，避免浪费。

下好线后，导线段需平直，可用浸石蜡的抹布拉直导线，也可用张紧的办法将导线拉直。但应注意不能用力过猛，以免导线（线芯和绝缘）受损。

为了防止接错线，在平直好的导线段两端栓上写有导线标号的临时标志牌或正式标志牌。

二、排线

排线工作可分为排列编制线束和导线的分列两部分。线束的排列编制应在下好线段并均已平直后进行。导线段按在屏（盘）内实际走向相往端子排上连接的部位编制成线束。线束可采用5～10mm宽的薄铅带套上塑料带当作卡子来绑扎，亦可用小线绳或尼龙绳进行绑扎。线束可绑扎成圆形或长方形，后者需用隔电纸等作衬垫，然后绑扎成形。必要时可在线束内加入一些假线以使其保持长方形。线束的绑扎方式如图5.9所示。

有时为了便于工作，可加设一些临时线卡，在线束成形后再拆掉。线束绑扎位置的间距应相等。

线束的编制，应从线束末端电器或从端子排位置开始，按接线端子的实际接线位置，顺次逐个向另一端编排。边排边做绑扎。排线时应保持线束的横平竖直，尽量避免导线交叉。当交叉不可避免时，在穿插处应使少数导线在多数导线上跨过，并尽量使交叉集中在一两个较隐蔽的地方；或把较长较整齐的导线排在最外层，将交叉处遮盖起来，使之整齐美观。

线束的绑扎卡固定应与煨弯工作配合进行，应是煨好一个弯，接着就卡线。线束必须从弯曲的里侧到外侧依次进行，逐根贴紧。如图5.10所示分支时，必须先卡固线束，再次煨弯，每个转角处都要经过绑扎卡固。线束在转弯或分支时，应保持横平竖直、弧度一致。导线互相紧靠，边煨边整理好。导线煨弯不允许使用尖嘴钳、钢丝钳等锐边尖角的工具进行，应该用手指或弯线钳进行，其弯曲半径不宜小于导线外径的3倍，以保证导线的线芯和绝缘不受损坏。

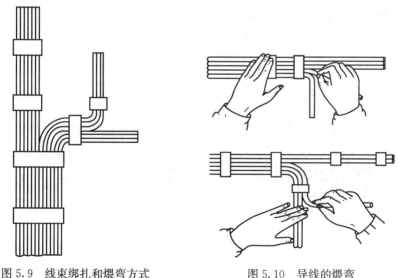

图5.9 线束绑扎和煨弯方式　　　　图5.10 导线的煨弯

将导线由线束引出而有次序地接到电器或端子排上的相应端子，称为导线的分列。导线分列前，应先仔细校对标志头与端子的符号是否相符，必要时用校线灯等方法进行校线。导线分列时，应注意工艺美观，并应使引至端子上的线端留有一个弹性弯，以免线端或端子受到额外的外应力。导线分列方法可分为单层导线分列、多层导线分列和扇形分列三种。

单层导线分列适用于接线端子数量不多、位置亦较宽畅的情况。为了使导线整齐美观，分列时一般从端子排的任一端开始，先将导线接至相应的端子上（或电器端子上）。连接时应注意各个弹性弯的高度保持一致，圆弧匀称美观，导线顺序整齐。

多层导线分列适用于导线数量较多或空间窄的情况。图 5.11 所示为三层导线分列的接线形式。

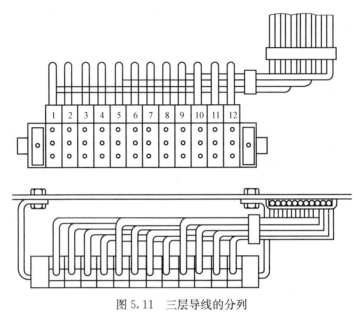

图 5.11　三层导线的分列

图 5.12 所示为导线的扇形分列。在不复杂的单层或双层分列时，也可采用扇形分列法。此法与上述两种分列法不同之处就是接线简单和外形整齐。在要求配线连接有较好外形和安装迅速时，可采用这种方法。这种方法应注意导线的校直，连接应首先将两侧最外层的导线连接固定好，然后逐步接向中间，同时还应注意所有导线的弯曲应整齐。

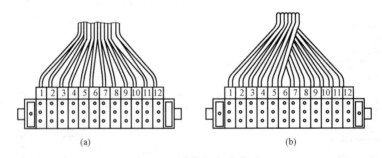

图 5.12　导线的扇形分列

（a）单层导线；（b）多层导线

近几年来，为了简化接线工作，越来越多地采用线槽接线的方式，即将导线敷设在预先制成的线槽内，线槽一般在屏（盘）制作时一起制成。一般由金属或硬塑料制成，设有主槽和支槽。配线时，可打开线槽盖，将先将绑扎好的线束放入线槽内，接至端子排或电器端子的导线由线槽侧面的穿线孔眼中引出。另外，也可以敷设在螺旋形软塑料管内（又称为蛇皮管），施工也较方便。

三、接线

接线是继放线、排线工作后的一项工作，事先还应检查一下每根导线的敷设位置是否正确，线端的标号与电器接线柱的标号是否一致，确认无误后即可开始往端子排上和电器接线柱上接线。

当电器端子为焊接型时，应采用电烙铁进行锡焊。锡焊的工艺质量是非常重要的，如焊接不良，会影响设备的安全运行和调试。

焊接时应先用小刀将焊件表面的污垢和氧化层轻轻刮去，露出光泽的金属表面，然后用酒精擦净并涂上焊剂。焊剂质量好坏直接影响到焊接质量，现场一般用松香芯焊锡丝进行焊接，既方便，质量也好。

要选择功率合适的电烙铁，烙铁头的形状和温度对焊接质量影响很大。常用的烙铁头有直形和弯形两种，顶部又有扁形和窄形之分，要根据焊接物的形状和所处位置来选择。

虚焊是焊接工艺中最危险的隐患。虚焊常常不易发现，往往用万用表检查时，仍能显示导通，但经过一段时间运行，由于温度、湿度或振动等原因，会形成断路。所谓虚焊就是焊锡虽把导线包住了，但内部却没有完全融合成整体。产生虚焊的主要原因是：焊接物表面不清洁，焊锡或焊剂质量不好，烙铁头的温度过低等及操作工艺不当。

归纳屏（盘）内配线工作应注意如下几点：

（1）屏内导线的接头应在端子排和电器的接线柱上，导线的中间不得有接头。

（2）端子排与屏（盘）内电器的连接线一律由端子排的里侧接出，端子排与电缆、小母线等的连接及外引线一律由端子排的外侧接出。

（3）屏（盘）内配线应成束，线束要横平竖直、美观、清晰，排列要合理、大方。线束可采用悬空或紧贴屏壁的形式敷设，固定处需包绕绝缘带。线束在电器或端子排附近的分线不应交叉，形式也要统一。

（4）屏（盘）内导线的标号应清楚，并与背面接线图完全一致。

（5）配线用的导线绝缘良好，无损伤。

课题三　继电保护二次回路的调试

继电保护设备的实验工作是继电保护设备投用过程中的一个重要环节。继电保护设备调试质量的好坏直接影响继电保护设备的动作正确性，关系到电力系统的运行安全。

继电保护设备实验可粗略地分为继电保护二次回路的通电试验和继电保护装置的调试。

一、继电保护二次回路的通电试验

继电保护二次回路的通电试验是一个技术性不是很强，但十分重要的工作。它要求试验人员有高度的责任心、敬业精神和一定的工作经验，对保护装置和二次回路比较熟悉。

要在二次线查线过程中发现设计错误，对于十分有经验的试验人员也是很困难的。因此，应特别强调：在二次回路的通电试验前应先对图纸熟悉和审核，特别是在新安装调试时，力求将可能出现的设计、画图错误全部发现、改正；同时在二次线查线时应仔细查对每一个回路，对于通过动断触点或小电阻连通的回路，应设法断开动断触点或小电阻来查实该回路是否确定正确。

（一）二次回路通电试验的方式与条件

继电保护二次回路在正式投入之前，应作通电试验，以检查其回路连接是否正确，元件动作是否符合要求等。

1. 二次回路通电试验的两种方式

（1）交、直流控制回路和信号回路可通过正式电源系统送电进行检查试验。如工程进度跟得上，总电源宜取自正式系统。但通常使用临时电源，如以工程施工电源来供给交流控制回路和信号回路，以硅整流装置暂代蓄电池供直流电源等。

（2）交流电流、电压回路的通电试验一般采用送二次电流、二次电压和加一次电流、一次正常电压两种方式。当送二次电压时，应防止由电压互感器反送至一次侧，而造成人身和设备危险。当采用一次正常电压时，一次正常电压可由系统中取得；也可利用另一电压互感器由二次侧引接电源，升压后供给。当采用一次电流时，一次电流可由大电流发生器提供。如无相角要求时，待试电流回路的三相一次侧可串联起来。做一次电流与一次电压试验时，包括了仪用互感器本身，有利于检查其极性与连接是否正确。交流电流、电压回路连接着测量仪表与继电保护装置，因此一般应用调压器或变阻器调节电流、电压，进行检查试验。

2. 二次回路通电试验前应具备的条件

（1）设备安装完毕，电缆敷设、接线完毕。

（2）测量仪表、继电器、保护自动装置等检验、整定完毕。

（3）控制开关、信号灯、直流空气开关、交流空气开关、电阻器等经检查型号无误、完好无缺。

（4）使用互感器已经试验，并合格。

（5）断路器等开关设备安装、调整、试验完毕，就地电动操作情况正常。有关辅助触点已调整合适。

（6）伺服电机已在就地试转过，其方向与要求一致。

（7）在不带电情况下，经检查回路连接正确（原理图、展开图、安装图等应事先核对无误，与实际设备、实际接线进行查核并相符），接线螺丝接触可靠。对于仪用互感器的连接，要特别注意其极性。

（8）端子排上标志清晰，盘、台前后的控制开关、信号灯、直流空气开关、交流空气开关等各元件的标签、标志书写齐全且清晰正确。

（9）周围环境已经清扫整理。

（10）回路与元件的绝缘电阻已按有关规定进行了检查，并通过交流耐压试验，符合标准。

（二）二次回路通电试验的方法

1. 二次回路通电试验一般按下列顺序进行

（1）电源系统，尤其是直流电源系统，其本身回路必须先经过试验检查完毕。

（2）信号系统，尤其是中央信号系统，应先试验完毕，为控制、保护回路的试验创造条件；对于预告信号可在端子排上短接各路脉冲信号源的端子，以检验光字牌。

（3）按一次设备为单元，分别检验控制回路、保护回路，同时检验其信号回路部分。试验时，可按展开图中自上而下的顺序，逐一进行。在试验保护回路时，不一定每次都动作于断路器，只要启动出口继电器即可；

（4）进行各设备间的连锁、闭锁试验，先短接或断开有关端子进行模拟，然后作正式传动；

（5）试验有关自动装置。

2. 二次回路通电试验注意事项

（1）应将所试验的回路与暂时不试验的回路或已投入运行的回路分开（解除连线），以防误动作或发生危险（暂时不试验的回路可能还有人在工作）。

（2）若待试验回路在已运行的盘、台上，或其相邻为已运行的盘、台时，应采取隔离措施，如挂警告牌、用红布幔隔开等，以免误操作。

（3）远距离操作设备时，应在设备附近设专人监视，并装设电话，保持联系。

（4）作传动试验时，不应使其相应的一次设备或回路带有运行电压，可拉开隔离开关、闸刀等，使断路器、接触器等不致有电；对于电动机，必要时可暂时在接触器处将电力电缆解开。

（5）一次开关的位置应与控制开关上操作把手的位置相对应，一般应在断开位置。

（6）熔断器的容量或空气开关应选择合适；不需电源的回路，不应将熔断器放上，以免误操作或造成危险；送、取熔断器时应戴手套（布、纱手套即可）。

（7）分几摊同时进行通电试验时，应互通情况，彼此照应。

（8）当发现动作不正常，如可能引起事故，或无法在带电情况进行检查时，应立即断开电源。

（9）通电试验必须在熟悉图纸与了解设备性能的基础上进行，既要确保人身安全（不仅是触电的问题，且应防止机构等传动部件伤人），还要避免损坏设备。

（10）临送电前，还应再次检查回路绝缘情况，以防接地；并应证实直流回路的正、负极间或交流回路的相、地线间等，确无短路情况（可用万用表在熔断器下口测量直流电阻）。尽管在不带电情况下，已对二次回路和设备作了详细的检查，但在通电试验时仍然难免会出现这样或那样的问题。对于发现的问题，应根据其现象作冷静的分析与判断，查明其原因，有步骤、有条理地逐项进行处理。不应仅凭猜测盲目地乱拆、乱改已接好的线，而使问题复杂化。一般来说，只要心中有把握，宜在带电情况下进行某些试验，这样便于掌握情况；但切忌乱试、乱捅，以免损坏设备。

（三）控制回路的通电检验和投入

检验控制回路以前，应检查被控开关设备的机构是否正常，进行就地电动操作有无问题，它们的一次回路是否已带电等，并作好安全措施。开关柜的断路器置于"试验"位置，确保其与一次回路隔断。当断路器无试验位置时，应将其电源侧的刀开关或熔断器打开或取下，必要时可临时断开被控设备的电力电缆。

1. 一般控制回路的检验和投入

测量控制回路的绝缘电阻，合格后，送上控制回路和信号回路的直流电源。此时控制盘上绿色指示灯应亮；在控制盘（或测控屏）上用控制开关控制合闸接触器，动作2~3次，观察其返回情况；正常后，送上合闸熔断器。在控制盘上用控制开关控制断路器跳、合2~3次，观察其控制把手在"预备合闸"、"合闸"、"合闸后"、"预备跳闸"、"跳闸"、"跳闸后"等六个位置时，断路器的动作情况及指示灯的指示情况，此时均应符合设计图纸要求。其检验过程如下：

将控制开关转至"预备合闸"位置，绿灯闪光；在"合闸"位置，红灯平光；在"预备跳闸"位置，红灯闪光；在"跳闸"位置，绿灯平光。然后在断路器处于合闸状态下，从保护装置加故障量，模拟事故跳闸，绿灯便闪光，并发出事故音响信号。再从自动装置出口短接（模拟自动重合），或手动合上断路器，或从端子排处短接，使断路器合闸，红灯便闪光。属于同期回路的断路器，必须在控制盘上先投入它的同期操作把手和中央信号盘上的同期操作把手后，才能进行操作。

2. 具有"防跳"回路的断路器的控制回路的检验和投入

具有"防跳"回路的断路器应作"防跳"回路检验。首先在断路器合闸后，取下合闸回路熔断器，在控制盘上将控制开关转至靠合闸位置不返回；用保护回路触点使断路器跳闸，如回路正确，则断路器跳闸后合闸接触器应不再动作。然后，恢复控制开关至"跳闸"位置，合上合闸回路熔断器，用短接线接通保护出口继电器触点，在控制盘上将控制开关转至"合闸"位置，如回路正确，断路器合闸后，应立即跳开，而不继续再合闸。

二、继电保护装置的调试

继电保护装置的调试主要是对继电保护装置的特性进行实验，以满足电力系统的要求。一般而言，一些常规的继电保护元件（如电流继电器、电压继电器、时间继电器、中间继电器等）可根据有关的继电器实验规程进行认真的实验，以完成要求的实验项目。

（一）单个继电器检验

1. 电流继电器检验

电流继电器检验的目的是：

（1）熟悉 DL 系列电流继电器的构造；

（2）掌握电流继电器检验方法和步骤；

（3）熟悉继电器内部结构。

下面介绍电流继电器的检验方法和步骤。

（1）机械部分检查。

1）检查转轴的纵向和横向活动范围，纵向活动范围应在 0.15～0.2mm 内。活动量太大易引起转轴脱落，太小易发生卡轴。

2）检查舌片与电磁铁的间隙。要求舌片上下端部弯曲的程度相同，舌片不应与磁极相碰。为此，继电器在动作位置时，舌片与磁极之间的间隙不得小于 0.5mm。

3）弹簧的检查与调整。

a. 弹簧的平面与转轴应严格垂直，不能有凸肚或平面倾斜现象。如不能满足要求时，可拧松弹簧里套箍和转轴间的固定螺丝，沿轴向移动套箍至合适位置，再将固定螺丝拧紧，或用镊子调整弹簧。

b. 弹簧由起始拉角转至刻度盘最大位置时，层间间隙应均匀；否则，可将弹簧外端的支杆作适当的弯曲，或用镊子整理弹簧最外一圈的终端。

4）触点的检查与调整。

a. 触点上有受熏及烧焦之处时，应用细锉锉净，并用细油石打磨光。如触点发黑可用麂皮擦净，不得用砂布打磨触点。

b. 动触点桥与静触点接触时，所交的角度应为 55°～65°，且应在静触点首端约 1/3 处接触，然后滑行至约在末端 1/3 处终止。两静触点片的倾斜度应一致并位于同一平面上，触点应能同时接触。触点桥容许在其转轴上旋转 10°～15°，并沿纵向移动 0.2mm。当触点开始闭合时，可动触点桥的背面，应不与其本身的限制钩接触。触点间的距离不得小于 2mm。

c. 为使动断触点在正常情况下能可靠地闭合，当继电器线圈无电流时，必须使可动系统的本身质量能压下静触点并略往下移。用手轻轻转动舌片时，静触点的弹片应随触点桥的移动而伸直，且在某一时间内触点回路不会断开，此时舌片与左方限制螺丝，应有不小于0.5mm的距离。

对于带切换触点的继电器，为防止上下触点短路，动触点与下触点压接后，其与上触点的距离应不小于3mm。当动触点在中间位置时，对上下静触点的距离均不应小于1mm。

继电器的静触点上，装有一限制振动的弹片。当继电器线圈中无电流时，此弹片与静触点仅能接触，但无压力，或有不大于0.2mm的间隙。对带有动断触点的继电器，当定值在刻度盘开始位置而线圈中无电流时，触点间应无足够的压力。当扭紧弹簧以增大定值时，静触点与限制振动的弹片之间的间隙，随着静触点的下降而增大，到最大值时，此间隙应不大于0.5mm。

5）轴承与轴尖的检查。

a. 将继电器置于垂直位置，将刻度盘上的调整把手移至左边最小刻度值上，检查触点动作的情况。如继电器良好，则将调整把手由最小刻度值向左旋转20°～30°时继电器的弹簧应全部松弛。此时略将调整把手往复转动3°～5°，即可使动触点与静触点时而闭合或开放。

当用手慢慢将把手向刻度盘的右侧移动时，可动触点桥变更位置的速度应均匀。如速度不均匀，则说明可动系统有异常的阻碍。继电器动作缓慢的原因，通常是由于轴承和轴尖污秽和损伤所致。

b. 检查轴承时，先用锥形小木条的尖端将轴承擦拭干净，再用放大镜检查。如发现轴承有裂口、偏心、磨损等情况，应予更换。

c. 轴尖应用小木条擦净，并用放大镜检查。转轴的两端应为圆锥形，轴承的锥面应磨光，不得用刀尖或指甲削伤。轴尖的圆锥角应较轴承的凹口为尖，以使轴尖在轴承中仅在一点转动，而不是贴紧在凹口的四周转动。轴尖如有裂纹、削伤、铁锈等，应将轴尖磨光，用汽油洗净，并用清洁软布擦干。如还不能使用，则应更换。

（2）动作电流和返回电流的检验。电流继电器检验接线如图5.13所示。

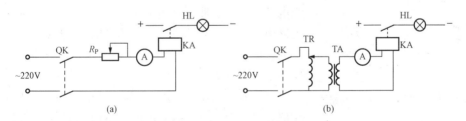

图 5.13　电流继电器的检验

(a) 小电流实验接线；(b) 大电流实验接线

1）将线圈串联，整定在某一数值上，调整电阻至最大位置或调压器至最小位置。

2）合上QK，然后调节输出加入继电器电流，直至继电器动作，重复三次，并记录。

3）再增大电流，然后减小输入电流，直至继电器返回。根据返回值与动作值，即可求出返回系数。

注意：每次测量值与整定值误差不超过±3%，否则应检查轴承和轴尖。

4）调定值放在其他位置，重复检验。

（3）返回系数调整。影响返回系数的因数较多，如轴尖的光洁度、轴承清洁情况、静触点位置等。对返回系数有较显著影响的是舌片端部与磁极间的间隙和舌片的位置。

改变舌片起始角可改变动作电流，改变终止角可改变返回电流；变更舌片两端的弯曲程度以改变与磁极间的距离，也能达到调整返回系数的目的；适当调整触点压力也能改变返回系数。

（4）动作电流调整。动作电流的调整方式：调整弹簧反作用力；改变线圈连接方式；改变舌片位置；继电器在最小刻度值附近时，主要调整弹簧，以改变动作值；在刻度值最大附近时，主要调整舌片起始位置。

（5）技术数据。

1）DL-10系列电流继电器的返回系数不小于 0.85。

2）通入继电器的电流为整定值的 1.2 倍时，动作时间不大于 0.15s；3 倍时，动作时间不大于 0.03s。

3）电压不大于 250V 及电流不大于 2A 时，在时间常数不超过 5×10^{-3} s 的直流有感负荷回路中，触点的遮断容量为 50W；在交流回路中为 250VA。

4）导电部分对外壳能承受 50Hz 交流电压 2000V、历时 1min 的耐压试验。

2. 时间继电器检验

时间继电器检验目的是：

（1）熟悉时间继电器结构和工作原理；

（2）掌握时间继电器检验方法和步骤；

（3）了解技术参数。

下面介绍时间继电器的检验方法和步骤。检验接线如图 5.14 所示。

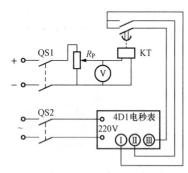

图 5.14　时间继电器的检验

（1）动作电压的检验。将可变电阻 R_P 置于输出电压最小位置，合 QK1，调可变电阻 R_P，电压由最小位置慢慢地升高到时间继电器的衔铁完全被吸入时为止，可变电阻不动，拉开 QK1。然后冲击地（迅速合上 QK1）通入继电器电压，能使衔铁瞬时完全被吸入的最低冲击电压即为继电器的动作电压 U_{op}，拉开 QK1，将 U_{op} 填入相应表格内。U_{op} 应不大于 $70\%U_N$，对于 DS-120 系列时间继电器其值不大于 $85\%U_N$。

（2）返回电压的检验。合上 QK1，再升高电压至额定值，然后调节可变电阻 R_P，降低加到继电器的电压，使继电器的衔铁返回到原来位置的最高电压即为继电器返回电压 U_{re}，拉开 QK1，将 U_{re} 填入相应表格内，要求不小于 $5\%U_N$。

如动作电压太高或返回值太小，应检查弹簧的软、硬程度，或检查衔铁与钢套是否摩擦，有问题应进行适当的调整或更换。

（3）动作时间的检验。时间标度检验的目的是检查时间继电器的准确程度，并能间接地发现时间继电器的机械部分是否良好。

定期检验时，在额定电压下检查整定值，与刻度值比较误差应小于 ±5%。

将时间继电器标度放在最小刻度上，合上 QS1，调可变电阻 R_P，使加在继电器上的电压为额定电压，拉开 QS1，再合上 QS2（通入电秒表交流电源）稍停几秒后再合上 QS1，电秒表开始计时，直至时间继电器延时动合触点闭合。电秒表停止转动时，迅速拉开 QS1、QS2，读取电秒表所测得时间，填入相应表格中，重复三次求其平均值。将时间标度置于中间刻度和最大刻度上，按上述方法各重复三次，求平均值。

（4）动作时间的调整。当实际的时限与刻度值不符时，可转动刻度盘的位置以满足要求，若动作时间长，可将刻度盘顺时针方向移一个角度。当最大刻度值与定值不符时，调整钟表结构中的轴承螺丝或调整钟摆上的平衡锤以及调整钟表弹簧的支架位置。

注意：不带附加电阻的继电器不允许长时间通电；电秒表为精密仪器，检验时必须按规定使用。

3. 中间继电器检验

中间继电器检验目的是：

（1）熟悉中间继电器结构和工作原理；

（2）掌握中间继电器检验方法；

（3）了解中间继电器参数。

下面介绍中间继电器检验方法和步骤。

（1）极性检验。对有两个线圈以上的继电器，在新安装或线圈重绕后，应检查各线圈极性标示的正确性。

极性检验接线如图 5.14 所示，试验电源可用 1.5V 干电池，如果合上闸刀开关瞬间，毫伏表指针正偏，拉开闸刀时反偏，则接电池正极的端子与接毫伏表正极的端子是同极性，反之为异极性。继电器的线圈极性应符合厂家规定。线圈极性也可在继电器保持值检验时判明。

（2）动作值与返回值检验。图 5.15（a）为检验动作电流、返回电流接线图，图 5.15（b）为检验动作电压、返回电压接线图。

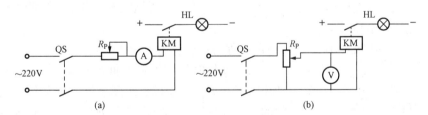

图 5.15　检验动作电压（电流）、返回电压（电流）接线图
（a）检验动作电流、返回电流；（b）检验动作电压、返回电压

1）合上电源开关，调节变阻器 R_P，继电器冲击加入电压（或电流），记下使继电器衔铁完全被吸合的最低电压（或电流）值即动作值。若动作时出现衔铁缓慢运动或吸合不到底以及声音不清脆等现象，应加大电压（或电流）试验。

2）调节可变电阻 R_P 使电压（或电流）升至继电器的额定电压（或电流），然后逐渐减小输入量，测试能使继电器的衔铁返回到初始位置的最大电压（或电流）即继电器的返回值。

3）重复测试三次，求取动作值和返回值的平均值。

继电器的动作电压一般应不大于 $70\%U_N$，动作电流不应大于其额定电流，一般以 80% 的额定电流为适宜。中间继电器返回值一般不小于其额定值的 5%。

动作值与返回值的调整：

①调整弹簧的拉力，可以同时改变动作值和返回值；

②调整衔铁的限制钩以改变衔铁与铁芯的气隙。动作值偏高，应减小气隙；反之，则增加气隙。

（3）保持值检验。图 5.16 为具有电压保持的中间继电器检验接线图。图 5.17 为具有电流保持的中间继电器检验接线图。

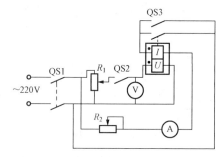

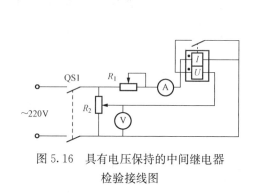

图 5.16　具有电压保持的中间继电器　　　　图 5.17　具有电流保持的中间继电器
　　　　　　检验接线图　　　　　　　　　　　　　　　检验接线图

1）依次合上开关 QS1、QS2，调整 R_1 使继电器动作线圈的电压（电流）升至其额定值，继电器应动作。

2）调节 R_2 使保持线圈的电流（电压）也达到其额定值，再断开 QS2，此时继电器应自保持。

3）断开 QS2，调节 R_2 使保持线圈的电流（电压）逐渐减小到继电器返回，记下返回值。合上 QS2，调节 R_2 使保持线圈的电流（电压）略大于返回值，再断开 QS2，若继电器能自保持，则该电流（电压）为其最小保持值；否则，再增大电流（电压）测出继电器能自保持的最小电流（电压）。

继电器的保持电流应不大于 $80\%I_N$，保持电压应不大于 $70\%U_N$。

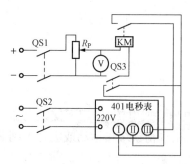

图 5.18　用于检验动作时间和
返回时间的接线图

（4）动作时间和返回时间的检验。图 5.18 用于检验动作时间和返回时间的接线图。继电器动作（或返回）时间的检验，一般在其额定值下进行，只有对延时返回时间有严格要求的继电器，才在 80% 和 100% 额定电压下测定。

1）动作时间的检验。合上直流电源开关 QS1，调节变阻器 R 使输出电压为继电器的额定电压；合上电秒表电源开关，数秒钟后，迅速合上 QS3，对继电器冲击地加入额定电压，电秒表开始计时，中间继电器动作，触点闭合；电秒表停止计时后，断开 QS3，读取数据。重复测试三次，求取平均值。

2）返回时间的检验。合上直流电源开关 QS1，调节变阻器 R_P 使输出电压为继电器的额定电压；合上电秒表电源开关，数秒钟后，再迅速合上 QS3，使继电器动作，其延时返回动合触点闭合；断开 QS3，电秒表开始计时，同时中间继电器失磁；待继电器延时返回动合触点断开时，电秒表停止计时，读取数据。重复测试三次，求取平均值。

注意：对有两个以上线圈的中间继电器，应检查各线圈极性标示的正确性；继电器保持电流应不大于 $80\%I_N$，保持电压应不大于 $70\%U_N$。动作、返回时间的检验应在其额定电压下进行，对延时返回有严格要求的继电器，才能在 80% 和 100% 额定电压下测定。

（二）三段式电流保护装置整定与调试

1. 电流 I 段保护（无时限电流速断保护）调试

整定计算：指确定保护装置动作值的计算。

整定原则：为了保护的选择性，动作电流按躲过本线路末端短路时的最大短路整定，第 I 段电流动作值＝可靠系数乘本线路末端最大短路电流，动作时间 $t=0$s。

短路电流的计算式为

$$I_k = \frac{E_S}{X_S + X_1 l}$$

式中　E_S——系统等效电动势；

$\quad\ X_S$——发生短路时系统等值阻抗；

$\quad\ X_1 l$——线路阻抗，其中 X_1 为线路单位长度阻抗，l 为故障点至电源的距离。

I_k 的大小与运行方式（发生短路时系统的接线）、故障类型（三相或二相）及故障发生点有关，用两种运行方式来计算，①最大运行方式：对每一套保护装置通过该保护装置的短路电流为最大，发生三相短路时，短路电流最大，结合线路阻抗可求出线路中某点的最大短路电流；②最小运行方式：对每一套保护装置通过该装置的短路电流为最小，发生二相短路时，短路电流最小，结合线路阻抗可求出线路中某点的最小短路电流，并填入表 5.1。

表 5.1　　　　　　　　　　　　保护整定值（A）

短路点位置	最大运行方式（三相短路）是否动作	最小运行方式（两相短路）是否动作
首端		
20%处		
50%处		
80%处		
末端		

2. 电流 II 段保护（带时限电流速断保护）调试

整定原则：躲过下一线路第 I 段整定电流。

动作电流：可靠系数乘下一线路的第 I 段动作值，系数范围 1.1～1.2。

动作时间：0.5s。

若灵敏性不满足要求，与下一线路第 II 段电流保护配合。

电流 II 段保护的范围大于本线路全长，依靠动作电流值和动作时间共同保证其选择性，与第 I 段共同构成被保护线路的主保护，兼作第 I 段的后备保护。

3. 电流 III 段保护（定时限电流速断保护）调试

整定原则：躲过最大负荷电流，在外部故障切除后，自动启动时应可靠返回。

动作电流：

$$I_{act} = \frac{K_{rel}}{K_r} K_{act} I_R$$

式中　K_{rel}——可靠系数，取 1.2～1.3，常数 1.2；

　　　　K_r——电流继电器返回系数，取 0.85～0.95，常数 0.85；

　　　　K_{ast}——自动启动系数，取 1.5～3，常数 2.2；

　　　　I_R——本线路末最大负荷电流。

灵敏性：近后备等于本线路末端短路时的最小短路电流除第Ⅲ段动作值，大于或等于 1.3～1.5；远后备等于下线路末端短路时最小短路电流除第Ⅲ段动作值，大于或等于 1.2。

动作时间：在线路中某处发生短路故障时，从故障点至电源之间所有线路上的电流保护第Ⅲ段的测量元件均可能动作。

第Ⅲ段的灵敏性比第Ⅰ、Ⅱ段更高，在后备保护之间，只有灵敏系数和最大时限互相配合时，才能保证选择性，保护范围是本线路和相邻下一线路全长。

复 习 题

1. 继电保护的基本任务是什么？

2. 电力系统继电保护的基本要求有哪些？

3. 屏内配线工作有哪些步骤？

4. 三段式电流保护的构成？

5. 三段式电流保护的整定原则是什么？

 考核项目　三段式电流保护屏二次线安装

一、屏内配线

1. 导线的选择

（1）一般选用铜芯线，同一屏内配线采用同一种颜色，由屏内引致需要开启的门上的导线应采用多股软线 。

（2）电压回路 $BV \geqslant 1.5 mm^2$，$BVR \geqslant 1 mm^2$；

（3）电流回路根据实际选择，一般遵循 $BV \geqslant 2.5 mm^2$；

（4）此次实训选用铜芯塑料线，线的截面积为 $1.5 mm^2$。

2. 配线的步骤

下线、排线、接线。

（1）下线。

基本要求：根据安装接线图的要求，选择导线的颜色、规格及线径；弯折、走向尽量少，禁止飞跨和交叉。

方法：用尺、废导线、绳子等根据安装接线图，测量每根线的长度，并剪切导线注意导线长度应适中，不宜过长或过短，避免浪费。

（2）排线。

第一步：导线段的平直，并做好编号。

方法一：平直法，用浸了石蜡的抹布拉直导线。

方法二：张紧法。

注意不能用力过猛以免导线（线芯和绝缘）受损。

第二步：线束编制。根据导线走向和连接部位编制成线束，采用尼龙扎带（细线、薄铅带）将线束绑扎成形（圆形或长方形），线束绑扎的间距尽量相等（10～20cm），线束帮扎和排列尽量做到横平竖直、避免导线交叉。

第三步：导线的分列。将导线由线束引出且有次序地接到电器或端子排上相应，称为导线的分列。分列前应检查校对标志头和接线号是否相符，分列时应注意工艺美观。分列的方法包括单层导线分列、多层导线分列、"扇形"分列。

（3）接线。接线是下线、排线工作后的一项工作。事先检查导线敷设位置是否正确，线端的编号是否与电器接线柱的编号一致，确认无误，方可接线。

注意：端子排的每个端子一般只允许接一根导线，元器件的接线柱最多可允许接两根导线。

（4）配线的注意事项。

1）每根线中间不允许有接头。

2）端子排内侧引出线只能和屏内的设备发生接线关系，端子排外侧引出线只能和外接电缆、屏顶小母线发生接线关系。

3）配线应尽量成束，线束要横平竖直、美观、清晰，排列要合理大方。

4）屏内导线的标号要清楚，并与安装接线图一致。

5）配线用的导线绝缘应良好，无损伤。

二、电气接线的一般方法

（1）照图施工，有错汇报，不得随意更改设计。

（2）把握整体布局，走向要少，支线向主线靠拢，尽量成束，便于绑扎，做到整齐美观。

（3）注意事项。设备边缘折弯≤10cm；裸露铜芯≤1mm；一根导线两端的标号要相互对应；不能飞跨和交叉。

（4）接头的连接要牢固，但要适度。

三、接线步骤和工艺要求

1. 接线步骤

（1）拆除现有所有接线。拆除之前观察前一组同学布线的优缺点；拆除时应注意方法得当，避免损坏元器件的现象发生；注意材料的保管。

（2）整理导线，并保存好。注意工位整洁、清爽；避免组与组之间互相混用导线的现象发生。

（3）弄清原理，检查接线图是否无误。

（4）检查并补充符号管。

（5）根据接线图，选用合适的导线，穿好符号管，整理、成形每根导线。注意长做短用，培养勤俭节约良好习惯。工艺上做到横的部分平，竖的部分要直；螺杆连接处应注意导线的成形方向，避免其他相邻的螺杆的接触。还应注意节省材料，若材料不够，可以补充，补充时须说明材料的规格及数量。

（6）接线时应注意以下问题：

1）元器件编号，防止接线错误和元器件用错；

2）一个接线柱最多只准许接两根导线；

3）接线时应注意方式方法，做到牢固、可靠，避免损坏元器件。

（7）根据原理图、接线图复核每根接线，做到准确无误。

（8）整理、绑扎导线，做到整个布线合理、美观。

2．工艺要求（见图 5 - 19）

（a）
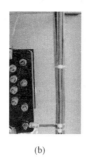
（b）

（c）

图 5 - 19　三段式电流保护屏一次线安装工艺要求

四、评分参考标准

姓名			班级（单位）			
操作时间	时　　分至　　　时　　分		累计用时	时　　　分		
评分标准						
序号	考核项目	考核内容	配分	扣分	得分	
1	根据已给出的安装图接线	根据所给相关电气图接线，接线正确且规范，接线每错一处扣 3 分	80			
		接点紧固且符合相关规范，接点不紧、导线缠绕方向不正确、裸露导线超过 1mm，每一处扣 1 分				
		线路整齐美观（横平竖直、走线成束、严禁交叉及架空跨接、转弯成圆角），导线不平直、不成束、交叉、架空跨接、转弯为尖直角每一处扣 1 分				
		选线合理，选线不合理扣 3 分				
		电气回路标号齐全，每欠缺一个标号扣 2 分				
		工具、仪表使用正确，不能正确使用工具、仪表接线者扣 10 分	10			
2	文明生产	整理工具、材料，清理现场，未收拾现场或不干净扣 10 分	10			
指导教师			总分			

项目六　综合电气设备安装与调试

项目五中学习了二次线安装，本项目在前面学习的基础上，增加一次设备安装与调试的内容，选取 400V 低压配电室安装工程作为学习对象。通过本项目，学生亲自参与 400V 低压配电室安装工程（模拟工程项目）的完整工作过程，可以培养学生根据电气工程图安装及调试相应电气设备的能力，培养学生综合应用单项电气理论知识及技能分析解决电气设备安装中实际问题的能力。

课题一　400V 低压配电室图纸的识读

400V 低压配电室安装工程（模拟工程项目）涉及电力工程类及相关专业的知识和技能。具体涉及的专业知识有电气制图、电气识图、电工基础、电工仪表与测量、电机学、电气设备运行、电气自动装置、电力系统等；涉及相关技能有电气制图与识图、金属工艺、电工工艺、电气试验、二次线路安装等技能等。

通过前文五个项目训练，这里直接提供一套完整的 400V 低压配电室电气工程图请见附录。附录中提供了五套完整的工程安装图，涉及不同的低压配电柜型，如 PGL 型低压配电柜（见图 6.1、图 6.2）和 GGD 型低压配电柜（见图 6.3）。每种类型的低压配电柜均包括受电柜、计量柜、无功补偿柜、馈电柜。相对应的图纸就有屏面布置图、主接线图、各个配电柜的二次安装图，具体见附录。

图 6.1　PGL 型低压配电柜（屏前）

图 6.2　PGL 型低压配电柜（屏后）

图 6.3　GGD 型低压配电柜（屏前）

设备中涉及的具体各部分器件的功能与作用请参阅本书项目三，电气工程制图规范请参阅本书项目四内容。

课题二　职场安全训练

职场安全训练针对 400V 低压配电室的安装与调试具体安排如下：在查阅相关安全生产工作规程及安全工器具使用要求的基础上，进行个人防护用品的穿戴、停电检修安全措施、触电急救等的操作练习。

一、安全生产工作规程

对于 400V 低压配电室的安装与调试，适用《国家电网公司电力安全工作规程（变电站和发电厂电气部分）》（简称《安规》），共计 253 条。

二、个人防护用品的穿戴

安全帽、工作服、绝缘鞋的正确佩戴与检查，参见项目一中课题一。

三、保证安全的技术措施

1. 停电

《安规》中规定必须停电的设备有：

（1）检修的设备。

（2）高压设备停电工作时，与工作人员工作中正常活动范围的距离小于表 6.1 规定的安全距离的设备必须停电；距离大于表 6.1 但小于表 6.2 规定的安全距离的设备，必须在与带电部分距离不小于表 6.1 的距离处装设牢固的临时遮栏，否则必须停电。

（3）带电部分若在工作人员的后面或两侧而无可靠防范措施时也必须停电。

表 6.1　　　　　　工作人员工作中正常活动范围与设备带电部分的安全距离

电压等级（kV）	安全距离（m）	电压等级（kV）	安全距离（m）
10 及以下（13.8）	0.35	750	8.00①
20、35	0.60	1000	9.50
63（66）、110	1.50	±50 及以下	1.50
220	3.00	±500	6.80
330	4.00	±660	9.00
500	5.00	±800	10.10

注　表中未列电压按高一档电压等级的安全距离。

①　750kV 电压等级数据是按海拔 2000m 校正的，其他等级数据按海拔 1000m 校正。

表 6.2　　　　　　　　　设备不停电时的安全距离

电压等级（kV）	安全距离（m）	电压等级（kV）	安全距离（m）
10 及以下（13.8）	0.70	750	7.20①
20、35	1.00	1000	8.70
63（66）、110	1.50	±50 及以下	1.50
220	3.00	±500	6.00

续表

电压等级（kV）	安全距离（m）	电压等级（kV）	安全距离（m）
330	4.00	±660	8.40
500	5.00	±800	9.30

注　表中未列电压等级按高一档电压等级安全距离。

①　750kV 电压等级数据是按海拔 2000m 校正的，其他等级数据按海拔 1000m 校正。

将工作现场附近不满足安全距离的设备停电，主要是考虑到工作人员在工作中可能出现的一些意外情况而采取的措施。将检修设备停电，必须把各方面的电源完全断开，任何运行中的星形接线设备的中性点，都必须视为带电设备。必须拉开隔离开关，使各方面至少有一个明显的断开点。

禁止在只经断路器断开电源的设备上工作。与停电设备有关的变压器和电压互感器必须从高、低压两侧断开，防止向停电检修设备反送电。为了防止在检修断路器或远方控制的隔离开关可能因误操作或因试验等引起的保护误动作，而使断路器或隔离开关突然跳合闸而发生意外，必须断开断路器和隔离开关的操作电源，隔离开关操作把手必须锁住。

停电操作必须按照断开断路器—拉开负荷侧刀闸—拉开母线侧刀闸的顺序进行，送电与此相反。

2. 验电

通过验电可以验证停电设备是否确无电压，可以防止出现带电装设接地线或带电合接地开关事故的发生。验电必须用电压等级合适而且合格的验电器。验电前，验电器应先在有电设备上进行试验，确证验电器良好方可使用。如果在木杆、木梯或在架构上验电，不接地线不能指示有无电压时，经值班负责人许可，可在验电器上接地线。为了防止某些意外情况发生，在检修设备进出线两侧各相应分别验电，验电时必须戴绝缘手套。330kV 及以上的电气设备，在没有相应电压等级的专用验电器的情况下，可使用绝缘棒代替验电器，根据绝缘棒端有无火花和放电辟辟声来判断有无电压。

3. 装设接地线

装设接地线是保护工作人员在工作地点防止突然来电的可靠安全措施，同时接地线也可将设备断开部分的剩余电荷放尽。

装设接地线应符合《安规》的有关规定，在用验电器验明设备确无电压后，应立即将检修设备接地并三相短路，防止在较长时间间隔中，可能会发生停电设备突然来电的意外情况。对于可能送电至停电设备的各方面或停电设备可能产生感应电压的都要装设接地线。所装接地线与带电部分应符合安全距离的规定，这样对来电而言，可以做到始终保证工作人员在接地线的后侧，因而可确保安全。

装设接地线必须先接接地端，后接导体端。拆接地线的顺序与此相反。这是为了在装拆接地线的过程中，始终保证接地线处于良好的接地状态。接地线应用多股软裸铜线，其截面积应符合短路电流的要求，但不得小于 25mm²。

4. 悬挂标示牌和装设遮栏

在工作现场悬挂标示牌和装设遮栏可以提醒工作人员减少差错，限制工作人员的活动范围，防止接近运行设备，是保证安全的重要技术措施之一。

课题三 400V低压配电室电气设备安装

在项目五中已经介绍过了设备二次线安装方面的知识，而在本课题中需要完成的是一个完整的工程项目安装，包括一次设备安装、一次母线的安装、二次导线的连接等。

一、低压成套配电装置安装

（一）安装要求

（1）低压配电柜安装要求。

1）机械闭锁、电气闭锁应动作准确、可靠。

2）动触头与静触头的中心线应一致，触头接触紧密。

3）二次回路辅助开关的切换触点应动作准确，接触可靠。

4）柜内照明齐全。

（2）抽屉式配电柜安装要求。

1）抽屉推拉应灵活轻便，无卡阻、碰撞现象，抽屉应能互换。

2）抽屉的机械连锁或电气连锁装置应动作正确可靠，断路器分闸后，隔离触头才能分开。

3）抽屉与柜体间的二次回路连接插件应接触良好。

4）抽屉与柜体间的接触及柜体、框架的接地应良好。

（3）底板或底座角钢应在土建施工基础时预先埋入。

（4）安装时，先将底座槽钢与底板焊接，应保持底座槽钢严整，然后将低压配电柜与底座槽钢用螺栓固定。

（5）低压配电柜基础形式、电缆沟和低压配电设备的布置由具体工程设计确定。

（二）低压配电装置立柜安装

立柜安装前，先按照图纸规定的顺序，将配电柜作好标记，然后用人力将其搬动平放在安装基础底盘位置。立柜的螺栓固定方法是在底盘上开大于螺栓直径的孔，再用螺栓固定。如果安装的配电柜不再拆迁，可用焊接固定。

拼装完一块后，即可初步固定，经过反复调整至全部符合要求时，便可用镀锌螺栓固定牢靠，同时柜间用螺栓固定连接，使该列配电柜成一整体。

（三）成套配电装置柜顶母线安装

将一个配电单元的开关电器、保护电器、测量电器和必要的辅助设备等安装在标准的柜体中，就构成了单台配电柜，又称配电装置。将配电柜按照一定的要求和接线方式组合，并在柜顶用母线将各单台柜体的电气部分连接，则构成了成套配电装置。

母线安装要求如下：

（1）硬母线表面应光洁平整，母线弯曲皱纹不得超过1mm，弯曲处不准出现裂纹，母线表面不应有显著的锤痕、夹杂物凹坑、毛刺等缺陷，搭接面应平整自然吻合，连接紧密可靠，并设有防松动措施。不同金属搭接面要有防电化腐蚀措施。软母线不应有打结、松股、断股或严重腐蚀等缺陷。

（2）相同布置的主母线、分支母线、引下线及设备连接应对称一致，横平竖直，整齐美观。常见的母线排列方式有水平排列、垂直排列、竖直排列。

（3）母线装配后，不允许直线段有明显的弯曲不直现象。母线装配后，应具有一定的机械刚度，不允许有明显的颤动现象。母线长度超过规定位应加装支柱或胶木板固定。

（4）母线一般不得交叉配置，应符合回路分明、整齐和美观的要求，同一元件同一侧三相母线折弯应一致。

二、一次设备的安装

（一）断路器及其操动机构安装

1. 塑料外壳式断路器的安装

（1）安装前检查铭牌所示的技术数据是否与设计和实际需要相符。

（2）断路器应垂直安装，其倾斜度不大于5°。当断路器安装在金属骨架上时，若需要板后接线，必须安装在绝缘地板上。

（3）安装断路器的底板必须平整，以免在旋紧安装螺钉时，胶木底板受到弯曲应力而损坏。为了防止飞弧，应将断路器进出导线裸露部分用绝缘物包扎。

（4）当低压断路器与熔断器配合使用时，熔断器应安装在电源侧。

（5）断路器接线时，必须将来自电源端的导线接在断路器灭弧室一侧的接线端上；负极导线应接在断路器脱扣器一侧的接线端上；连接导线的截面积必须与脱扣器限定电流相符，以免由于过热而影响脱扣器的性能。

2. 框架式断路器的安装

（1）安装前检查断路器规格是否符合设计和实际需要，并用兆欧表测量断路器的绝缘电阻，一般不小于10MΩ，断路器底板应安装在垂直位置，倾斜度不超过5°，并应可靠接地。

（2）安装断路器的底板必须平整，以免旋紧螺钉时可能会损坏断路器的地板，灭弧室至相邻的导电部分和接地部分的距离不应小于200～250mm。

（3）安装后检查失压、分励及过电流脱扣器是否在规定的动作范围之内使断路器断开，检查电磁铁操作的断路器是否在规定动作范围内使断路器可靠闭合。当断路器与熔断器配合使用时，熔断器应安装在电源侧。

（4）接线时，电源引进导线或母线连接于静触点（上进线端），而接至用户的导线和母线应连接在下进线端。在进行任何电气连接之前，必须确认电路中没有电压。

（5）安装母线或电缆的截面积，应使接近断路器的一部分母线或电缆不致过热而使断路器母线升温，同时被连接母线或电缆应将其在接近断路器处加以紧固，以免各种机械和电动负荷的应力传送到断路器上。在安装有半导体脱扣装置的低压断路器时，其接线必须符合相序要求，脱扣装置的动作应可靠。

3. 操动机构安装

（1）操动手柄或传动杠杆的开、合位置应正确，操作力不应大于产品的规定值。电动操动机构接线应正确，在合闸过程中，断路器不应跳跃；断路器合闸后，限制电动机或电磁铁通电时间的连锁装置应及时动作，电动机或电磁铁通电时间不应超过产品的规定值。检查断路器辅助触点动作是否正确可靠，接触是否良好。

（2）抽屉式断路器的工作、实验、隔离三个位置的定位应明显，且符合产品技术文件规定。当抽屉式断路器空载时，进行抽、拉时应无卡阻，机械连锁应可靠。

（二）低压刀开关安装

1. 开启式刀开关的安装

（1）开启式刀开关必须垂直安装，且合闸操作时手柄的操作方向应从下向上，分闸操作时手柄操作方向应从上向下。不允许平装或倒装，以防止发生误合闸事故。

（2）电源进线接在刀开关上部的进线端上，用电设备应接在刀开关下部熔体的出线端上。这样刀开关断开后，闸刀和熔体上都不带电。

（3）刀开关用作电动机的控制开关时，应将刀开关的熔体部分用导线直连，5kW 以上电动机需在出线端另外加装熔断器作短路保护。

（4）安装后检查刀片和夹座是否成直线接触，若刀片和夹座不正或夹座力不够，用电工钳夹住扳直、扳拢。

（5）按负荷容量将熔丝用螺丝刀接到接线螺丝上。更换熔体时，必须在刀开关断开的情况下按原规格更换。

（6）盖上刀开关盒盖，拧紧螺丝。

2．带连杆操纵刀开关（HD、HR 系列）的安装

安装刀开关时，应注意母线与刀开关接线端子相连时，不应存在极大的扭应力，并保证接触可靠。在安装杠杆操动机构时，应调节好连杆的长度保证操作到位。安装完毕一定要将灭弧室装牢。

安装时要特别注意把手面板与刀开关底板之间的距离不能误差过大，距离过大会使动触头不能全部插入到静触头中，达不到触头接触面积要求，使触头过热；距离过小，动触头插入过深，同样影响接触面积，而且拉开时面板把手不能到达分间位置。

（三）熔断器的安装

1．瓷插式熔断器的安装方法

（1）将熔断器底座用木螺钉固定在配电板上。

（2）将剥出绝缘层的导线插入熔断器底座的针孔接线柱内，拧紧螺钉，如图 6.4 所示。

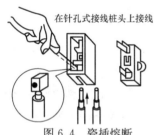
在针孔式接线桩头上接线

图 6.4　瓷插熔断器安装示意图

（3）瓷插件的安装将剪下合适长度的熔丝沿熔丝接线柱顺时针方向弯过一圈。

（4）压上垫圈，将螺栓旋至熔丝与垫圈接触良好为止。

2．RL6 型螺旋熔断器的安装方法

应将连接插座底座触点的接线端安装于上方（上线）并与电流线连接；将连接瓷帽、螺纹壳的接线端安装于下方（下线），并与用电设备导线连接。这样就能在更换熔丝旋出瓷帽后，确保螺纹壳上不会带电，保证人身安全。

3．熔断器的安装注意事项

（1）熔断器应垂直安装，以保证插刀和刀夹座紧密接触，避免增大接触电阻、造成温度升高而误动作。有时因接触不良还会产生火花，干扰弱电装置。

（2）熔断器应完整无损、接触紧密可靠，并有额定电压、额定电流值的标志。

（3）熔体长度要按熔断器或刀开关内的允许长度装接，既不能卷曲也不可拉紧。

（4）安装时熔丝两头应顺时针方向沿螺钉绕一圈，拧紧螺钉的力应适当，不要过紧以免压伤，也勿过松造成接触不良甚至松脱。

（5）要正确选择和使用规格与质量合格熔体，表面已严重氧化的应勿使用。若使用中熔体反复熔断，则说明线路或负载存在故障，必须先查明原因而切勿随意换大容量熔体。

（6）熔断器内应装合格的熔体，不能用几根小容量熔体合股代用。因为这种合股熔体的

熔断电流并不等于各单根熔体的熔断电流之和。

（7）瓷插式熔断器应垂直安装。探旋式熔断器的电源线应接在底座中心端的接线端子上，用电设备应接在螺旋壳的接线端子上。

（8）熔断器兼作隔离电器使用时，应安装在控制开关的电源进线端；若仅作短路保护使用时，应安装在控制开关的出线端。

（9）安装熔体要停电进行。为确保安全起见，尤其是在确需带电装设时，应戴好绝缘手套，站在绝缘垫上并戴上护目眼镜，以防触电或受电弧灼伤及飞溅物落入眼内。

（10）熔断器在安装前应核对规格是否符合要求，熔管有无碎裂，指示器是否完好。在安装底座时，拧螺丝时应小心，切勿用力过猛，以免损坏瓷件。插入熔体时，应先隔离电源。

（四）交流接触器的安装

1. 接触器安装

（1）按规定留有适当的飞弧空间，以免飞弧烧坏相邻器件。

（2）注意安装位置应正确。除特殊订货外，一般应安装在垂直面上。即使是直动式的接触器也不得随意安装，而应符合使用说明书上规定的位置，安装时其倾斜角不得超过5°，否则会影响接触器的动作特性。

（3）安装与接线时，注意勿使零件跌落掉入电器内部。安装孔的螺钉应装有弹簧垫圈与平垫圈，并拧紧螺钉以防松脱。

2. 安装完毕后的检查

（1）灭弧罩必须完整无缺且固定牢靠，绝不允许不带灭弧罩或带破损灭弧罩运行。

（2）检查接线正确无误后，应在主触头不带电的情况下操作几次，然后测量接触器的动作值和释放值，须符合产品规定要求。

（五）热继电器的安装

1. 热继电器安装方法

（1）热继电器安装方向必须与说明书规定方向相同，倾斜度不得超过5°，如与其他电器装在一起时，尽可能将它装在其他电器下面，以免受其他电器发热的影响。

（2）安装接线时，应检查接线是否正确，与热继电器连接的导线截面应满足负荷要求，安装螺钉不得松动，防止因发热影响元件正常动作。

2. 热继电器安装后运行检查

（1）检查负荷电流是否和热元件的额定值相配合，整定值是否合适。

（2）检查热继电器与外部的连接点处有无过热现象，连接导线是否满足载流要求。

（3）检查热继电器的运行环境温度有无变化，有否超出允许温度范围（－30℃～＋40℃）。

（4）检查热继电器上的绝缘盖板是否损坏，是否完整和盖好，保证有合理温度而动作准确。

（5）检查热元件的发热阻丝外观是否完好，继电器内的辅助触点有无烧毛、熔接现象，机构各部件是否完好，动作是否灵活可靠。

（6）在使用过程中，每年应进行一次通电校验。此外，在设备发生事故而引起巨大短路电流后，应检查热元件和双金属片有无显著的变形。若已变形，则需通电试验。因双金属片变形或其他原因致使动作不准确时，只能调整其可调部件，而绝不能弯折双金属片。

（7）在检查热元件是否良好时，只可打开盖子从旁察看，不得将热元件卸下。

（8）热继电器的接线螺钉应拧紧，触头必须接触良好，盖板应盖好。

（9）热继电器在使用中需定期用布擦净尘埃和污垢，双金属片要保持原有光泽，如果上面有锈迹，可用布蘸汽油轻轻擦除，不得用砂纸磨光。

（10）检查与热继电器连接导线的截面积是否满足电流要求，有无因发热影响热元件的正常工作。

（11）如热继电器动作，应检查动作情况是否正确。

（12）检查热继电器工作温度与被保护设备所处周围环境温度，如前者比后者高出 15～25℃时，应选用大一号等级的热元件；如低于 15～25℃时，应调换小一号等级的热元件。

三、二次接线安装

项目五中的二次接线采用的单股硬导线成束捆扎方式布线方式，而本项目中采用多股软铜线按行线槽方式布线，如图 6.5 所示。

行线槽方式布线的特点：清晰美观，施工方便，且便于维护，线头采用冷压针或冷压叉的方式。冷压针、冷压叉的制作在项目二中介绍过，这里不再重复。

图 6.5　行线槽方式布线

课题四　400V 低压配电室电气设备调试

一、断路器及其操动机构的检查及故障排除

（一）定期检查

断路器在空气清洁、干燥的场所使用，每 2～3 年检查一次；在户内、尘埃较少、没有腐蚀性气体的场所使用，每 1 年检查一次。检查内容如下：

（1）接线端子的导线紧固螺钉是否有松弛现象。

（2）断路器表固、绝缘处的凹槽内是否有尘埃、油污和异物跨接。

（3）扳动按钮数次对断路器进行合、分操作，观察是否顺利。

（4）用 500V 绝缘电阻表测量带电体与框架（大地）、极间的绝缘电阻不小于 10MW。

（二）低压断路器故障处理

对于小容量的微型低压断路器，为了保证使用安全不考虑由用户自行修理，这些断路器外壳用铆钉切死，不能拆开检修，在出现故障时只需更换新的断路器。生产成套配电装置的厂家和大型企业，才对有故障的低压断路器进行检修。

1. DW 系列断路器触头过热故障处理

DW 系列断路器的触头系统可分为主触头、副触头（1000A 以上）、弧触头（40A 以上）三种。断路器合闸时首先是弧触头接触，然后是副触头接触，最后才是主触头接触；断开时顺序相反。主触头通过负载电流，副触头的作用是在主触头分开时保护主触头，弧触头用来承担切断电流的电弧烧灼。

触头接通压力太小，触头氧化，导电零件连接处的螺丝松动，触头合闸同期性不良及动作顺序有误，触头通过电流过负荷等，都会使断路器触头运行温度升高。如果发现运行中的断路器温升过高，应先采取措施减轻负荷，然后观察温升是否继续增高。若继续增高，在允许停电的情况下，应使断路器退出运行。可按以下方法进行检查和相应处理：

（1）断路器触头温升过高。

1）触头压力过低，应调整触头压力或更换弹簧。

2）触头表面严重磨损或接触表面过分粗糙，应更换触头或修整接触表面，使之平整、清洁。

3）连接导线螺丝松动，应拧紧螺丝。

（2）触头弹簧变形、氧化、弹力消失或减退。这会造成触头故障，若触头刚接触时压力过小会造成动、静触头刚接触产生跳动而烧伤触头，会使触头在闭合位置时接触不良，触头接触电阻太大，引起触头运行温升过高。当触头压力不符合要求时，可调节相应的螺母，改变弹簧的长度来提高触头的压力，必要时更换弹簧。

（3）触头表面氧化或触头表面脏污。这会使触头接触不良，可将氧化严重的触头拆下放入硫酸中把氧化层腐蚀掉，然后放入碱水中，再用清水洗净擦干，或消除触头表面脏污。

（4）触头连接处螺丝松动。这会使断路器闭合时动触头与静触头相碰发生跳动，在跳动过程中形成的电弧能将触头烧毛。可拧紧触头连接处松动的螺丝，将烧伤的触头表面形成的凹凸点用细锉刀修整，使触头接触良好。

（5）触头合闸同期性与行程。由于合闸同期性不良或主触头、副触头及弧触头动作顺序有误也会造成触头远行中温升过高。可调整触头背面的止档螺丝，调节副触头和弧触头的距离，使触头的不同期件不应大于0.5mm。调整时，动、静触头之间的最短开距在保证可靠灭弧的条件下越小越好，用以减少工作间隙。断路器弧触头开距一般为15～17mm，弧触头刚接触时主触头之间的距离以4～6mm为宜，主触头的超行程以2～6mm为宜，不可过大。

（6）触头长期过载运行。断路器触头长期通过电流、过负载，使触头运行温升过高，可调整设备的负载，使设备在额定负载状态下运行。

（7）设备启动过于频繁。断路器频繁地受到启动电流的冲击，造成触头运行温升过高。应避免频繁启动，即可消除触头发热的现象。

（8）DW系列断路器灭弧罩熄灭电弧不够迅速。

2. 断路器与导线接触部分过热处理

（1）触头接触电阻增大。因为导线连接螺丝松动、弹簧垫圈失效等，导致接触电阻增大。及时更换失效的弹簧垫圈并紧固好。

（2）选择合适螺栓。选用的螺栓偏小，会使断路器通过额定电流时连接部位发热。应按适当的电流密度选用螺栓。铜质螺栓电流在200A以下时电流密度0.3A/mm^2，电流在600A以下时电流密度为0.1A/mm^2。

（3）两种不同金属相互连接。铝线与铜线柱两种不同金属相互连接会发生电化锈蚀，引起接触电阻增大而产生过热。应采用铜铝过渡接线端子，在导线连接部位涂敷导电膏，防止接触处的电化锈蚀。

3. 灭弧系统故障处理

（1）灭弧罩受潮。灭弧罩受潮以后，绝缘性能降低，电弧不能被拉长。同时，电弧燃烧时，在电弧高温作用下使灭弧罩内水分汽化，造成灭弧罩上部空间压力增大，阻止了电弧进入灭弧罩，延长灭弧时间。有灭弧罩烧焦等现象，就证明灭弧罩已经受潮，这时只要将灭弧罩取下烘干即可。

（2）灭弧罩炭化。灭弧罩在高温作用下表面被烧焦、炭化，会影响电弧的迅速熄灭，将炭化部分用刀刮除，仍可继续使用。

（3）磁吹线圈短路。采用磁吹线圈的断路器，线圈一般采用空气绝缘。如果线圈导电灰尘积聚太多，就会出现线团短路或匝间短路，使线圈不能工作，必要时予以更换。

（4）灭弧栅片损坏。若灭弧罩安装歪斜，使电弧不能迅速熄灭，应将灭弧罩装正。灭弧栅片脱落，造成电弧仍为长弧，使电弧不能迅速熄灭，应予以更换或修补。

（5）灭弧触头的故障。灭弧触头起引弧作用的，应定期检查调整。

4. 分、合闸故障处理

（1）DW 系列断路器手动操作不能合闸。

1）断路器手柄操作不能合闸，多数原因是自由脱扣机构调整不当所引起的，应对自由脱扣机构进行调整。调整在手动操作合闸时，斧形杯杆的右下端和伞形杠杆的左端缺口搭接在一起为止，使断路器处于合闸状态。

2）斧形杠杆右下端和伞形杠杆左端缺口处磨损，或伞形杠杆右上端和鼠尾形左上端缺口处磨损变钝，或装配调整不当，钩搭时易滑脱，自由脱扣机构不能"再扣"，也将使断路器手柄操作不能合闸。排除故障时可用纫锉刀进行细致整修，必要时更换新零部件，或将自由脱扣机构解体检查，使机构在合闸位置时，间隙满足要求。检修中不能随便改变弹簧长度。

3）斧形杠杆右端的齿形钩和掣子钩搭接处磨损变钝或装配调整不当，导致钩搭滑脱时，可用纫锉刀进行细致的调整，必要时更换新零部件。可调节掣子支架上的止挡螺丝，使自由脱扣机构在闭合时掣子能可靠挂牢，其挂入深度不应小于 2mm。

4）失压脱扣器线圈无电压或线圈烧坏时，应检查线圈电压或更换线圈。

5）储能弹簧变形，造成合闸力不足，使触头不能完全闭合，应更换合适的储能弹簧。

6）释放弹簧的反作用力过大，应重新调整或更换弹簧。

7）脱扣机构不能复位再扣，应调整脱扣器，将再扣接触面调到规定值。

8）若手柄可以推动合闸位置，但放手后立即弹回，应检查各连杆轴销的润滑情况。如果润滑油干枯，应加添新油，以减小摩擦阻力。

9）若触头与灭弧罩相碰，或动、静触头之间及操动机构的其他部位有卡住现象，导致合闸失灵，应根据具体情况进行调整处理。

（2）DW 系列断路器电动操动机构不能合闸或合闸不到预定位置。断路器的电动操动机构，在 600A 以下一般采用合闸电磁铁，在 1000A 一般采用合闸电动机。

1）操作前应检查手柄有无复位脱落，电动操动机构的刹车装置的松紧程度是否合适，然后按下按钮，电动机旋转，使断路器触头闭合。合闸结束时装在蜗轮上的凸轮将终点开关顶开，电动机失电，并靠惯性而继续转动；当终点开关刚恢复接通时，由于刹车装置的作用，电动机停止转动，使断路器合闸过程结束。

2）操作过程中，如发现断路器动作不正常，应立即停止操作，并分析检查属于机械故障还是电气故障。如按下按钮后，电动机旋转，联动机构正常，大多属于机械故障。其现象为自由脱扣机构挂钩位置不合适，行程不够，合闸时间太短等。若按下按钮后，断路器不动作或虽动作仍不吸合，大多属于控制电路故障。排除故障时不要盲目乱动，更不允许在未查明故障原因情况下，反复操作，以免损坏断路器。

3）操动行程不合适，使断路器不能合闸到预定位置，应调节行程。

4）断路器某相动作连杆损坏，使该相触头不能闭合，更换损坏的连杆。

5）刹车装置的松紧调节不当会发生这类故障，若刹车装置弹簧的拉力过大，使合闸时间太短，造成不能合闸或合不到预定位置，或使终点开关顶开后未恢复接通，使下次电动操作不能合闸。如果刹车装置弹簧的拉力过小，使凸轮停止的位置不合适，影响断路器的下次电动操作的可靠性。出此刹车装置应仔细调节，并进行电动试操作数次，将电动机旋转到停止位置时再刹住，装在蜗轮上的凸轮将终点开关顶开后所停止的位置基本不变。

6）电磁铁制动器的线圈接触不良或开路，使合闸电动机通电时由于制动器未松开而被抱住，排除故障时可检查连线并进行相应处理。

7）传动机构连杆下面的跳闸限位垫片不合适或电磁吸铁的高度调节不当，使自由脱扣机构在断开后不能自然形成"再扣"位置，电动操作不能合闸。排除故障时应增减传动机构连杆下的垫片或电磁吸铁的高度。

8）合闸电磁铁、合闸电动机电源线接触不良及电动机本身故障，可查明情况做适当处理。如失压脱扣器调整不当，可重新调整失压脱扣。

（3）断路器带负荷启动时自动分闸或工作一段时间后自动分闸。

1）电动机及电路有故障或负荷过重。可检查电路并排除故障或减少负荷。

2）断路器的过电流脱扣器或热脱扣器动作电流整定值不合适。应重新整定动作电流，增大延时。其整定方法如下：

a. 过电流脱扣器的调整。DW 系列断路器过电流是采用热元件来动作的，每极热元件可在其额定电流范围内调节，如超过额定值范围，必须更换热元件。

b. DW 系列断路器若电路发生短路或过载，脱扣器的衔铁立即被吸向铁芯，转动脱扣轴使断路器断开。旋转调节螺母的松紧程度，即可调整过电流脱扣器的动作电流。

c. 热脱扣器动作值调整。断路器热脱扣器的动作缓慢，具有延时特性。应调节整定电流大于电路工作电流，并确保在电动机正常启动情况下不动作。热元件或半导体延时电路元件损坏，应更换损坏元件。

（4）断路器失压脱扣器运行时产生噪声及振动、脱扣。DW 系列断路器脱扣器失压线圈电压在 $75\%\sim105\%$ 额定电压时吸合，使断路器合闸；当低于 40% 额定电压时释放，使断路器断开。

1）供给脱扣器失压线圈电压高于失压线圈的额定电压，使产生的电磁力足以克服弹簧的反作用力，从而造成脱扣器产生噪声和振动。应更换符合电源电压等级的线圈或调整供给失压线圈的电压。

2）弹簧的反作用力太大，使脱扣器运行时产生噪声及振动。调整弹簧压力或更换弹簧。

3）断路器失压脱扣器铁芯短路环断裂，或铁芯工作面有污垢使铁芯不能可靠吸合，造成脱扣器运行时发出噪声及振动。如果短路环断裂，可更换同样规格的短路环；如铁芯工作面有污垢，应清除污垢，保持铁芯清洁。

4）失压脱扣器的弹簧长度调节不当，使线圈释放电压提高，造成运行时脱扣，应调节螺母。

（5）断路器失压脱扣器不能使断路器分断。

1）反力弹簧拉力变小，应调整弹簧拉力。

2）如果是储能释放，使储能弹簧拉力变小，应调整储能弹簧。

3）操动机构卡阻，应找出原因并予以排除。

（6）断路器分励脱扣器不能使断路器分断。

1）分励脱扣器线圈短路或烧毁，应更换线圈。

2）供给断路器脱扣器分励线圈电源电压过低或接线断开，应提高电源电压、检查界线。

3）再扣接触面过大，应重新调整再扣接触面或更换断路器。

4）紧固螺栓松动，应拧紧螺栓。

（7）失压脱扣器线圈的供电线路或失压线圈本身有故障。当断路器闭合送电时，如果失压脱扣器线圈的供电线路出现断线等故障，失压线圈得不到电压，脱扣器衔铁将在弹簧的作用下抵住杠杆，使锁扣不能锁住传动杆，导致主触头不能闭合。此时，应使用万用表检查脱扣器失压线圈有无电压。若无电压，则应检查失压脱扣器失压线圈的供电线路；若有电压，则应检查脱扣器失压线圈是否有开路或短路现象。当发现失压线圈有开路或短路现象时，应更换。

（8）断路器辅助触头不通电。断路器的辅助触头是起"引弧"作用，即合闸时先于主触头间闭合，而分闸时迟于主触头分断，从而将燃弧引向自身，起到保护主触头的作用。如果发现辅助触头工作时不能通电，应及时检修。

1）辅助触头的动触头有无卡住或脱落，若有应拨正或重新装好动触头。

2）传动杆有无断裂，滚轮有无脱落。若传动杆断裂应予以更换，若滚轮脱落应重新装好。

3）检查触头接触面有无氧化或脏污污垢。

（9）DW 系列断路器手动操作不能合闸。

1）断路器手动操作不能合闸，一般是由于操动机构及其部件引起的。在断路器 L 壳上有"合"、"分"字样，分别表示主触头接通或断开时手柄所处位置。如手柄拨不到"合"的位置，即表示不能合闸。一般是由于断路器自动跳闸后未进行"再扣"操作。

2）断路器由于故障自动跳闸，而手柄停在"合"与"分"的中间，且离"合"较近。短路故障使断路器跳闸后，只要将手柄扳向"分"的方向使主杠杆下端进入钢片，即处于"再扣"（准备合闸）状态。当热脱扣器动作使断路器跳闸后，必须经过一段恢复时间（一般需 5min，过载严重时需 10min）后，才能将手柄扳向"分"的方向，使主杠杆下端压动主轴，推动杯杆，压缩弹簧，使杠杆下端进入调节螺丝，断路器恢复"再扣"。如果不经过恢复就用力去扳手柄，有可能将主轴压断。

3）操动机构的搭钩磨损，杠杆等联动机构轴销脱落，弹簧失效，或调节螺丝调整不当等，将有可能造成手动操作不能合闸。这时可适当地进行整倍和调整，必要时应更换零部件。

5. 线圈故障处理

（1）断路器磁吹线圈匝间短路。这种故障大多是由于断路器磁吹线圈受冲击或碰撞引起的，可用螺丝刀拨开并调整匝间空气间隙。

（2）断路器合闸线圈烧坏。

1）断路器合闸后辅助触点未及时将合闸线圈的电源切断。自动空气断路器合闸线圈只能短时通电工作，如断路器合闸线圈在断路器合闸后不能及时断电而长时间运行，将因过热而烧毁。此时可检查断路器的辅助触头是否完好，有无烧坏粘连现象，并更换烧坏的断路器合闸线圈。

2）机械机构失灵。当断路器联动机构失灵时，断路器辅助触头将不能正常开合，导致断路器合闸线圈不能及时断电。检查断路器与辅助触头的联动机构是否正常并进行调整。

3）接线错误而使断路器合闸线圈不能断电。按电气原理接线图检查控制电路接线，对错误部分予以改正。

4）断路器合闸线圈回路中有接地现象。断路器合闸线圈回路出现接地故障时，断路器合闸线圈不再受辅助触点的控制，接通电源后断路器合闸线圈立即带电。此时，应检查线路绝缘或是否有接线搭地现象。

二、低压刀开关定期检修与故障处理

（一）低压刀开关定期检修

刀开关定期检修或维修时，应清除底板上的灰尘，以保证良好的绝缘；检查触头的接触情况，如果触头磨损严重或弧触头被电弧过度烧坏，应及时更换；发现触头转动铰链过松，如果是用螺栓的，应把螺栓拧紧。

1. 刀开关检修注意事项

（1）熔断器式刀开关的槽形轨必须经常保持清洁，受污后操作不灵活。

（2）经常检查刀开关的触头，清理灰伞和油污等。操动机构的摩擦处应定期加润滑油，使其动作灵活，延长使用寿命。

（3）更换熔体时，操作人员应戴上绝缘手套，避免因熔管的高温而烫伤手。注意应更换同型号、同规格的熔断体。

（4）应尽量避免不必要地拆装灭弧室。拆下后，一定要小心地装好，防止损坏。

（5）重新安装时，必须清除母线与插座的连接处的氧化膜，然后立即涂上少量工业凡士林或导电胶，以防止氧化。

（6）在低压配电装置中检修刀开关时，要保持手柄与门的连锁，不可拆除。

2. 低压刀开关运行检查项目

（1）检查负荷电流是否超过刀开关的额定值。

（2）检查触头和刀开关连接处有无过热现象。

（3）检查绝缘连杆、底座有无损坏和放电现象。

（4）检查触头有无烧伤，灭弧罩是否清洁完整。

（5）检查触头接触是否紧密，三相是否同时接触是否紧固。

（6）操动机构应完好，动作应灵活，分、合闸位置应到位，顶丝、销钉、拉杆等均应正常。

（7）对 HR 型刀开关，特别注意调整使同相内上下触头的同时闭合以及上下触头间的中心位置，以使接触紧密。

（8）检查所控负荷是否在额定容量以内，所配熔体是否与负荷相配合。

（二）低压刀开关常见故障处理

1. 合闸时静触头和动触头旁击的处理

导致这种故障原因是静触头和动触头的位置不合适，合闸时造成旁击。普遍应检查刀开关动触头的紧固螺丝有无松动过紧。熔断器式刀开关检查静触头两侧的开口弹簧有无移位，或因接触不良过热变形及损坏。

处理方法：刀开关调整三极动触头联紧固螺丝的松紧程度及刀片间的位置，调整动触头紧固螺丝松紧程度，使动触头调至与静触头的中心位置，做拉合试验，合闸时应无旁击，拉闸时应无卡阻现象。熔断器式刀开关调整静触头两侧的开口弹簧，使其静触头间隙置于动触头刀片的中心线，再做拉合试验检查。

2. 三极触头合闸深度偏差大的处理

三极刀开关和熔断器式刀开关合闸深度偏差值不应大于 3mm。偏差值大的主要原因是三极动触头的紧固螺丝、三极联动紧固螺丝松紧程度和位置（三极刀片之间距离）调整不合适或螺丝松动。

处理方法：调整三极联动螺丝及刀片极间距离，检查刀片紧固螺丝紧固程度，熔断器式刀开关检查调整触头间两侧的开口弹簧。

3. 合闸后操作手柄反弹不到位的处理

刀开关合闸后操作手柄反弹不到位主要原因，是刀开关手柄操作联杆行程调整不合适或静、动触头合闸时有卡阻现象。如图 6.6 所示，其面板把手与刀开关底板的距离应调整为 250mm，否则将会发生上述情况。

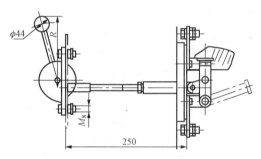

图 6.6　刀开关连杆螺丝调整示意图

处理方法：按照型号规定尺寸调整操作联杆螺丝，使其长度与合闸位置相符，处理静动触头卡阻故障。

4. 连接点打火或触头过热处理

刀开关或熔断器式刀开关连接点打火主要是连接点接触不良，接触电阻大引起，触头过热是静动触头接触不良或动触头插入深度不够。

处理方法：停电检查接点、触头有无烧蚀现象，用砂布打平接点或触头的烧蚀处，重新压接牢固，调整触头的接触面和连接点压力。如铝线与铜线两种不同金属相互连接，采用铜铝过渡接线端子。调整杠杆操动机构的连杆螺丝，保证刀片的插入深度达到相关规定的要求。

5. 拉闸时灭弧栅脱落或短路处理

拉闸时灭弧栅脱落是由于灭弧栅安装位置不当、灭弧栅不正、拉闸时与动触头相碰所致。拉闸时短路的原因有误操作、带负荷拉无灭弧栅的刀开关或有灭弧栅的刀开关。

带负载操作启动大容量设备，会导致大电流冲击，发生动触头接触瞬间的弧光，烧坏触头，严重的可造成短路，这种操作属于违章操作，应严格禁止。

6. 运行中刀开关短路处理

运行中的刀开关突然短路，其原因是刀开关的静动触头接触不良发热或连接点压接不良发热，使底板的胶木绝缘碳化造成短路。应立即更换型号、规格合适的刀开关。

三、低压熔断器的检修

（一）运行中检修内容

（1）检查负荷情况是否与熔体的额定相配合。

（2）检查熔丝管外观有无破损、变形现象，瓷绝缘部分有无破损或闪络放电痕迹。

（3）检查熔丝管与插座的连接处有无过热现象，接触是否紧密，内部有否烧损炭化现象。

（4）对有信号指示的熔断器，其熔断指示是否保持正常状态。

（5）检查熔体外观是否完好，压接处有无损伤，压接是否紧固，有无氧化腐蚀现象等。

（6）检查熔断器的底座有无松动，各部位压接螺母是否紧固。

（7）经常注意检查熔断器的指示器，以便及时发现单相运转情况。若发生瓷底座有沥青流出，则说明熔断器接触不良，温升过高，应及时更换。

（8）插入和拔出熔断器要用规定的把手，不能用手直接操作。

（9）发现有填料熔断体熔断时，应换上原型号的熔断体。

（10）封闭管式熔断器更换熔片时，应检查熔片规格。装上断熔片前应清理管子内壁的烟尘，装上新熔片后应拧紧两端盖。

（11）检查熔断器底座有无松动现象，在停电时应及时清理进入熔断器的灰尘。判断熔体熔断是因为过载（即过负荷）还是短路所引起的方法是：

1）由过载引起熔断时，一般多是在变截面熔体（片）的小截面处，且其熔断部位的长度较短。这是因为过载所产生的热量在小截面处积聚较快，故易产生上述现象。

2）若由短路导致熔体熔断，则其熔断部位较大，甚至熔体（片）的大截面部位也会熔断无遗。这是由于较大的短路电流在极短时间内产生大量热能而使熔体熔断的缘故。

（二）检修注意事项

（1）应根据各种电器设备用电情况（电压等级、电流等级、负载变化情况等），正确选择熔体（丝）。在更换熔体时，应按规定换上相同型号、材料、尺寸、电流等级的熔体。

（2）安装和维修中，特别是更换熔体时，装在熔管内熔体的额定电流不准大于熔断管的额定电流。

（3）熔丝两端的固定螺钉应完好，无滑扣现象，以保证固定熔体时，接触良好、配合牢固；否则会造成接触处温度升高，烧坏熔体。安装熔丝时，应按顺时针方向弯曲熔丝，这样紧固螺钉时，熔丝不会挤出来；不要划伤、碰伤熔丝，更不要随意改变熔丝的外形尺寸。

（4）更换熔体时，必须切断电流，不允许带电特别是带负载拔出熔体，以防止发生人身事故。

（5）安装熔断器时，先放好弹簧垫或钢纸垫后再紧固螺钉，不要用力过猛，否则会损坏瓷底座。

（6）不能随便改变熔断器的工作方式，在熔体熔断后，应根据熔断管端部所标明的规格，换上相应的新熔断管。不能用一根熔丝搭在熔管的两端装入熔断器内继续使用。

（7）作为电动机保护的熔断器，应按要求选择熔丝。而熔断器只能作电动机主回路的短路保护，不能作过载保护。

（三）低压熔断器故障处理

熔断器是电路中的保护电器，当电路中的电流，即流过熔断器熔丝的电流达到一定值时，熔丝将熔断。熔断器的故障主要表现为熔丝经常非正常烧断，熔断器的连接螺钉烧毁，熔断器使用寿命降低。查找熔断器的这些故障应考虑以下情况。

1. 熔体熔断原因

（1）小截面处熔断。对于变截面熔体，通常在小截面处熔断是由于过负荷引起的。

（2）短路引起熔断。变截面熔体的大截面部位熔化无遗，熔体爆熔或熔断部位很长，一般是由短路引起熔断。

（3）熔断器熔体误熔断。熔断器熔体在额定电流运行状态下也会熔断，称为误熔断。

1）熔体温度过高。熔断器的动静触点（Bc）、触片与插座（RM）、熔体与底座（RL、RT、Rs）接触不良引起过热，使熔体温度过高造成误熔断。

2）熔体有机械损伤。熔体氧化腐蚀或安装时有机械损伤，使熔体的截面积变小，也会引起熔体误熔断。

3）周围介质温度相差过大。因熔断器周围介质温度与被保护对象周围介质温度相差过大，将会引起熔体误熔断。

（4）玻璃管密封熔断器熔体熔断。对于玻璃管密封熔断器，长时间通过近似额定电流时，熔体经常在中间部位熔断，但并不伸长，熔体气化后附在玻璃管壁上；如有 1.6 倍左右额定电流反复通过和断开时，熔体经常在某一端熔断且伸长；如有 2～3 倍额定电流反复通过和断开时，熔体在中间部位熔断并气化，无附着现象；通电时的冲击电流会使熔体在金属帽附近某一端熔断；若有大电流（短路电流）通过时，熔体几乎全部熔化。

（5）快速熔断器熔体的熔断。对于快速熔断器熔体，过负载时与正常工作时相比所增加的热量并不很大，而两端导线与熔体连接处的接触电阻对温升的影响较大，熔体上最高温度在两端，所以经常在两端连接处熔断；短路时热量大、时间快、产生的最高温度点在熔体中段，来不及将热量传至两端，因此在中间熔断。

2．拆换熔体的要求

（1）安装熔体时应保证接触良好。

（2）更换熔体时，不要使熔体受到机械损伤或扭位。

（3）更换熔体时必须根据熔体熔断的情况，分清是由于短路电流，还是由于长期过负荷所引起，以使分析故障原因。

（4）换查熔断器与其他保护设备的配合关系是否正确无误。

（5）一般应在不带电的情况下，取下熔断管进行更换。有些熔断器是允许在带电的情况下取下的，但应将负载切断，以免发生危险。

（6）更换熔体时，应注意熔体的电压值、电流值，并要使熔体与管于相配。

（7）对于封闭管式熔断器，不能用其他绝缘管代替。

（8）当熔体熔断，特别是在分断极限电流后，经常有熔体的熔渣熔化在上面。因此，在换装新熔体前，应仔细擦净整个管子内表面和换触装置上的熔渣、端尘和尘埃等。当熔断器已经达到所规定的分断极限电流的次数，应更换新的管子。

（四）低压熔断器常见故障

1．熔断器熔体过早熔断

（1）熔体容量选得太小或安装时损伤，特别是在电动机启动过程中发生过早熔断，使电动机不能正常启动，调换适当的熔体。

（2）熔体变色或变形，说明该熔体曾经过热。熔体的形状改变会使熔体过早熔断，调换适当的熔体。

（3）负载侧短路或接地，检查短路或接地故障。

2．熔断器熔体不能熔断

熔体容量选得过大或用其他金属丝代替，当线路发生短路时，熔体不能熔断，不能起保护作用，调换适当的熔体。

3. 熔丝未熔断但电路不通

熔体两端或接线接触不良，应检查修复。

（五）维修注意事项

（1）应根据各种电气设备用电情况（电压等级、电流等级、负载变化情况等），正确选择熔体（丝）。在更换熔体时，应按规定换上相同型号、材料、尺寸、电流等级的熔体。

（2）熔丝两端的固定螺钉应完好，无滑扣现象，以保证固定熔体时，接触良好、配合牢固，以免接触处温度升高，烧坏熔体。安装熔丝时，应按顺时针方向弯曲熔丝，不要划伤、碰伤熔丝，更不要随意改变熔丝的外形尺寸。

（3）更换熔体时，必须切断电流，不允许带电特别是带负荷拔出熔体，以防发生人身事故。

（4）安装熔断器时，先放好弹簧垫或钢纸垫后再紧固螺钉，不要用力过猛，否则会损坏瓷底座。

（5）不能随便改变熔断器的工作方式，在熔体熔断后，应根据熔断管端头上所标明的规格，换上相应的新熔断管。

（6）作为电动机保护的熔断器，应按要求选择熔丝，只能作电动机主回路的短路保护，不能作过载保护。

（7）在安装 RL6 型螺旋熔断器时，应将连接插座底座触点的接线端安装于上方（上线）并与电源线连接；将连接瓷幅、螺纹壳的接线端安装于下方（下线），并与用电设备导线连接。这样就能在更换熔丝旋出瓷帽后，螺纹壳上不会带电，确保人身安全。

四、交流接触器故障处理

（一）交流接触器运行噪声消除

正常运行的电磁铁发出均匀、调和、轻微的工作声音，如果噪声很大，说明有故障，其原因如下：

（1）铁芯与衔铁端面接触不良。由于端面磨损、锈蚀或存在灰尘、油垢等杂质，端面间空气隙加大，电磁铁的励磁电流增加，振动剧烈，使噪声加大。

铁芯与衔铁的端面只需用汽油、煤油清洗即可。如需使用锉刀、砂布修理，可按下列方法进行：首先在端面上衬一层复写纸，衔铁吸合后，端面凸出部分在复写纸上印斑点；然后轻轻将斑点锉去，重复几次后，即可将端面整平。

（2）短路环损坏。短路环是专为防止振动而设置的，短路环断裂或脱落，将使铁芯因振动而发出噪声。一经检查发现，只需用铜质材料加工一个换上即可。

（3）电压太低。加在线圈上的电压太低，一般低于额定电压85％，就使吸力不足，励磁电流增加，噪声亦增大。

（4）运动部分卡阻。衔铁带动开关的运动部分存在卡阻时，反作用力加大，衔铁不能正常吸合，产生振动与噪声。因此，应经常在运动摩擦部位加注几滴轻油，如机油、变压器油等。

（5）处理噪声过大的方法。

1）新装交流接触器在安装前，要对各部位认真进行检查，查看螺丝有无松动，并用手反复几次推合活动铁芯，查看其行程、间隙是否合适，动作是否灵敏可靠，否则应进行调整、紧面。

2）交流接触器投入运行后要经常进行检查。检查内容如下：

a. 检查修理时，先应断开电源。

b. 动静铁芯极面上如有污垢，或者锈蚀，一定要及时将其擦洗干净，保持明亮光洁。

c. 发现动静铁芯极面有斜度或凹凸不平时，可进行适量刮削磨平处理，必要时应进行更换。

d. 动静铁芯夹紧螺丝松动时，应将螺丝紧面，使动静铁芯接触良好。

e. 触头超行程过大或反作用弹簧力过大时，要减少超行程或调整反力至规定值，必要时可更换合适弹簧。

f. 当短路环断裂或丢失时，应查出断裂处将其焊接牢固或进行更换。

g. 查看运行电压是否合格。当接触器运行噪声加大时测量、调整运行电压，使其保持在正常范围之内。

（二）线圈过热甚至烧毁

长时间过热是线圈烧毁的主要原因，大致有以下几个方面：

（1）开关频繁操作，衔铁频繁启动，线圈中频繁地受到大电流的冲击。

（2）衔铁与铁芯端面接触不紧密，大的空气隙使线圈中的电流较额定值大得多。

（3）衔铁安装不好，铁芯端面与衔铁端面没有对齐，使磁路磁阻增大，线圈中的电流增加。

（4）传动部分出现卡阻，电磁铁过负载，不能很好地吸合。

（5）线圈端电压过低，线圈中电流增加。

（6）线圈端电压过高，铁芯磁通饱和，引起铁芯过热。

（7）线圈绝缘受潮，存在匝间短路，使线圈中的电流增加。

（三）通电后接触器不能吸合或吸合后不能断开

当接触器不能吸合时，应先检查电磁线圈两端有无电压。如无电压，说明故障发生在控制回路，可根据具体电路检查处理；如有电压但低于线圈额定电压，使电磁线圈通电后产生的电磁力不足以克服弹簧的反作用力，这时应更换线圈或改接电路；如为额定电压，多数情况是线圈自身开路，用万用表测量线圈电阻，如接线螺丝松脱应连接紧固，线圈断线则更换线圈。

接触器运动部分的机械机构及动触点卡住使接触器不能吸合时，可对机械机构进行修整，调整灭弧罩与触点的位置，消除摩擦；转轴生锈、歪斜也会造成接触器通电后不吸合。应拆开检查，清洗转轴及支撑杆，组装时要保证转轴转动灵活或更换配件。

接触器吸合一下又断开，一般是保持回路中的辅助触点接触不良，使电路自保持环节失去作用。应检修动合辅助触点，保证接触良好。

（四）接触器吸合不正常

接触器吸合不正常是指接触器吸合过于缓慢，触点不能完全闭合，铁芯吸合不紧而产生异常噪声等不正常现象。

控制电路的电源电压低于85%额定值，电磁线圈通电后所产生的电磁吸力不足，难以使动铁芯迅速吸向静铁芯，引起接触器吸合缓慢或吸合不紧。应检查控制电路电源电压，设法调整至额定工作电压。

弹簧压力不适当，引起接触器吸合不正常，当弹簧的反作用力太大造成吸合缓慢，而触点的弹簧压力与释放压力太大会使触点不能完全闭合。应对弹簧的压力进行相应的调整或更换弹簧。

动静铁芯间的间隙太大,可动部分卡住、转轴生锈、歪斜都会引起接触器吸合不正常。应拆开检查,重新装配,调整间隙或清洗转轴及支撑杆,组装后保证转轴转动灵活,必要时更换配件。

铁芯板面因长期频繁碰擦,沿叠片厚度方向向外扩张又不平整而产生异常响声,应用锉刀修整,必要时更换铁芯。如果短路环断裂,应更换尺寸相同的短路环。

（五）接触器主触点过热或熔焊

接触器主触点过热或熔焊一般是因触头接触不良造成的。

接触器吸合过于缓慢或有停滞现象,触头停顿在似接触非接触的位置上,或者触头表面严重氧化及灼伤,使接触电阻增大都会使主触头过热。应清除主触头表面氧化层,可用细锉刀轻轻锉平,保证接触良好。

接触器用于频繁启动设备中,主触头频繁地受到启动电流冲击,会造成过热或熔焊,应合理操作避免频繁启动,或选用适合于操作频繁及通电持续率长的接触器。主触头长时间过负荷也会造成过热或熔焊。应减轻负荷,使设备在额定状态下运行,或根据设备的工作电流,重新选择合适的接触器。

负荷侧有短路点,吸合时短路电流通过主触头,会造成主触头熔焊,应检查短路点并排除故障。接触器三相主触头闭合时不同步,某两相主触头受特大启动电流冲击,也会造成主触头熔焊。应检查主触头闭合状态,调整动静触头间隙达到同步接触。

（六）接触器线圈断电后铁芯不能释放

接触器经长期运行,较多的据击使铁芯板面变形,铁芯中间磁极面上的间隙逐渐消失,使线圈断电后铁芯产生效大的剩磁,将使动铁芯粘附在静铁芯上,造成接触器断电后不能解放。应用锉刀锉平或在平面磨床上磨光铁芯接触面,保证其间隙不大于 $0.15\sim0.2$mm。

铁芯极面上油污太多,会造成接触器线团断电后铁芯不能释放,应清除油污。或动触点弹簧压力太小,可调整弹簧压力,必要时更换弹簧。

（七）接触器触点磨损严重

（1）三相触点动作不同步,应调整到同步为止。

（2）负载侧短路,应查明短路处并排除故障或更换触点。

（3）接触器选用不合适,在下列场合下容量不足,如反接制动、有较多密集操作、操作过于频繁。应重新选用较大容量的接触器,或改为重任务接触器。

（4）触点的初压力太小,应调整弹簧压力。

（5）触点分断时电弧温度太高,使触点金属氧化。应除去触头表面氧化层。

（6）灭弧装置损坏,使触点分断时产生的电弧不能被分割成小段迅速熄灭。应更换灭弧装置。

（八）接触器相间短路

（1）可逆转换的接触器连锁触点不可靠或铁芯剩磁太大,使两只接触器同时投入运行造成相间短路。应检查电气连锁和机械连锁,在控制线路中加中间环节。当剩磁过大时,需修整铁芯或更换接触器。

（2）接触器动作太快,转换时间短,在转换过程中产生短路。应调换动作时间长的接触器延长可逆转换时间。

（3）尘埃堆积,粘有水气、油污等使线圈绝缘性能降低。应定期清理,保持清洁卫生。

（4）灭弧室碎裂，应更换灭弧室。

（5）相间绝缘损坏，应更换炭化后的胶木件。

（6）装于金属外壳内的接触器，处于分断位置时的喷弧距离内，可引起相间短路。应选用合适的接触器或在外壳内进行绝缘处理。

（九）接触器吸合太猛

（1）接触器吸合太猛的原因是控制电路电源电压大于线圈额定电压。应正确选择与电源电压匹配的接触器线圈。

（2）如果是重新绕制的线圈可能是因线圈匝数太少，造成吸合太猛，应重新计算或查对线圈数据。

（十）接触器触头及导电连接板温升过高

（1）触头的弹簧压力不足或行程过小，应调整弹簧压力及行程至规定值。

（2）触头接触不良，应清理触头表面油污及金属颗粒，修整极面，紧固触头与导电连接板。

（3）触头严重磨损及开焊，若触头磨损到原来厚度的 1/3 或开焊，应更换触点。

（4）操作频率过高或电流过大，触点容量不足。应适当减少操作次数或选用较大容量的接触器。

（十一）接触器触头烧毛

接触器触头的接触形式一般是点接触，触头在接通和分断时会产生电弧。在电弧作用下，触头表面形成许多凸出的小点，在电弧较大时表面小点面积增大，触头被烧毛。如触头在接通时跳动严重，会使触头熔化甚至熔焊。

触头烧毛后，可用油石或砂纸打磨、锉平触头表面小凸点，尽量恢复触头表面原来形状。对于熔化、熔焊的触头必须更换才能重新工作。

（十二）接触器灭弧装置故障

灭弧装置（灭弧罩）受潮、炭化、破裂、灭弧栅片脱落或灭弧线圈匝间短路，造成灭弧困难和灭弧时间延长。灭弧罩受潮后应及时烘干，破碎后应进行更换；灭弧线圈匝间短路后应及时修复或更换线圈。

五、热继电器故障分析与处理

（一）热继电器接入后主电路或控制电路不通

热元件烧断或热元件进出线头脱焊，可用万用表电阻挡进行测量，也可打开盖子检查，但不得随意卸下热元件。对脱焊的线头应重新焊牢。若热元件烧断，应更换同样的规格的热元件。

整定电流调节凸轮转不到合适的位置上，使动断触点断开，可打开盖子，调节凸轮观察操动机构并调到合适的位置上。动断触点烧坏、再扣弹簧或支持杆弹簧弹性消失，也会使动断触点不能接通，造成热继电器接入后控制电路不通，应更换触点及相应弹簧。热继电器的主电路或控制电路中接线螺钉运行日久松动，会造成电路不通，可检查接线螺钉，紧固即可。

（二）热继电器误动作

热继电器误动作的原因及处理方法如下：

（1）整定值偏小。应合理调整整定值，如热继电器额定电流不符合要求，应予更换。

（2）电动机负荷剧增。应排除电动机负载剧增的故障；热继电器调整部件松动，使热元件整定电流偏小，也会造成热继电器误动作，可拆开后盖，检查动作机构及部件并紧固，再重新调整。

（3）电动机启动时间过长。由于电动机启动时间很长，较大的启动电流延续的时间过长，热继电器会发热动作。可按启动时间要求，选择具有合适的可返回时间级数的热继电器或在启动过程中将热继电器的动断触点临时短接。

（4）操作频率过高。可合理选用并限定操作频率或改用其他保护方式。

（5）强烈的冲击振动。对有强烈冲击振动的场合，应选用带防冲击振动装置的专用热继电器，或采取防振措施。

（6）环境温度变化太大或环境温度过高，可改善使用环境，加强安装处的通风散热，使运行环境温度符合要求。连接导线过细，接线端接触不良，使连接点发热，也会使热继电器误动作，应合理选择导线，保证接触良好。

（三）热继电器不动作

热继电器不动作的原因及处理方法如下：

（1）整定值偏大或整定调节刻度有偏大的误差。可重新调整整定值。

（2）动断触头烧结不能断开。可检修触头，若有烧毛时可轻轻打磨，对表面灰尘或氧化物等要经常清理。

（3）热元件烧坏或脱焊。更换已坏继电器。

（4）操动机构卡住或导板脱出。进行维修调整或更换。

（四）热继电器动作太快

热继电器动作太快的原因及处理方法如下：

（1）热继电器的整定电流太小。应根据负荷的额定电流合理调整整定值。

（2）电动机启动时间过长或操作过于频繁。应通过试验适当加大热元件的整定电流值或采用其他保护。

（3）与热继电器相连接的导线过细或连接不牢，导致接触电阻过大，引起局部过热。应合理选用连接导线并压紧接线端。

（五）热继电器元件烧断

热继电器元件烧断的常见原因是负荷侧有短路故障或操作频率过高。若为前者，应检查线路或负荷，排除故障后更换热继电器；若为后者，应合理选用热继电器或改用其他保护方式。

（六）热继电器原因引起的主电路不通

大多为热元件烧坏或继电器动断触点接触不良而引起的。若为前者，应更换热元件或热端电器；若为后者，应检修动断触点。

操 作 练 习

一、低压断路器

1. DW 系列断路器灭弧罩检查、安装、更换练习。

2. 手动分合 DW 系列断路器检查失压脱扣线圈动作情况。

3. 电动分合 DW 系列断路器动作情况。

4. 灭弧触头的调整练习。

二、低压刀开关

1. 低压刀开关检查、安装、更换练习。

2. 在配电柜上调节低压刀开关杠杆螺丝，使低压刀开关触头行程满足要求。

3. 练习安装开启式和封闭式刀开关的安装、接线。

三、低压熔断器

熔断器的安装，熔体的更换练习。

四、交流接触器

1. 交流接触器安装练习。

2. 交流接触器触头更换练习。

3. 交流接触器线圈更换练习。

4. 热继电器动作电流整定练习

5. 热继电器故障处理。

五、评分参考标准

姓名				班级（单位）			
操作时间		时　分至　　时　分		累计用时		时　　分	
评分标准							
序号	考核项目	考核内容			配分	扣分	得分
1	根据已给出的安装图接线	根据所给相关电气图接线，接线正确且规范。接线每错一处扣 3 分			60		
		接点紧固且符合相关规范。接点不紧、硬导线不做羊眼圈、导线缠绕方向不正确、裸露导线超过 1mm，每一处扣 1 分					
		线路整齐美观（横平竖直、走线成束、严禁交叉及架空跨接、转弯成圆角）。导线不平直、不成束、交叉、架空跨接、转弯为尖直角，每一处扣 1 分					
		选线合理。选线不合理扣 3 分					
		电气回路标号齐全，每欠缺一个标号扣 2 分					
		工具、仪表使用正确。不能正确使用工具、仪表接线者扣 10 分			10		
2	通电试车	通电前后接拆线顺序正确且规范。通电前后电源线、负荷线的接拆线顺序，每错一次扣 2 分			20		
		负荷、电源引线线头紧固且规范。负荷、电源引线线头压接松动、不规范一处扣 0.5 分					
		操作（检查）顺序正确，每错一处扣 1 分					
		一次通电成功。一次通电不成功扣 5 分，二次不成功，此项不得分					
		工具、仪表使用正确。不能正确使用工具、仪表检查故障扣 5 分					
3	文明生产	整理工具、材料，清理现场，未收拾现场或不干净扣 10 分			10		
指导老师					总分		

附录 A　400V 低压配电柜完整图纸（一）

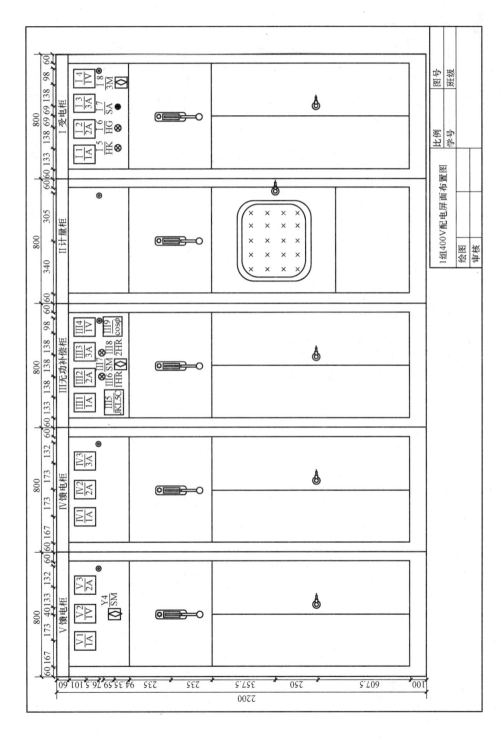

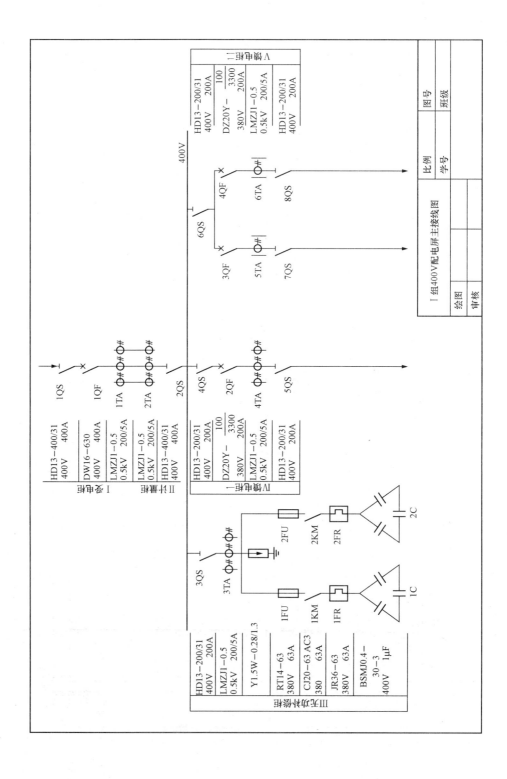

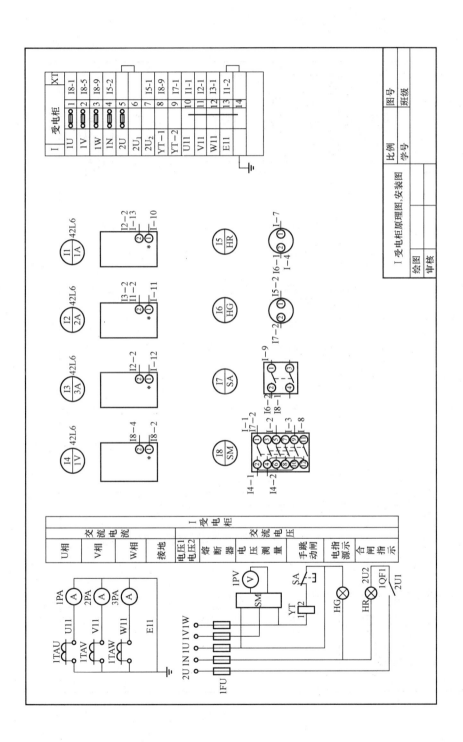

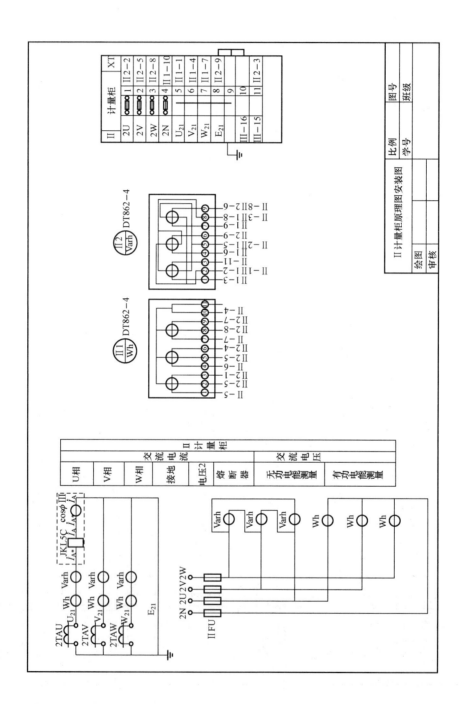

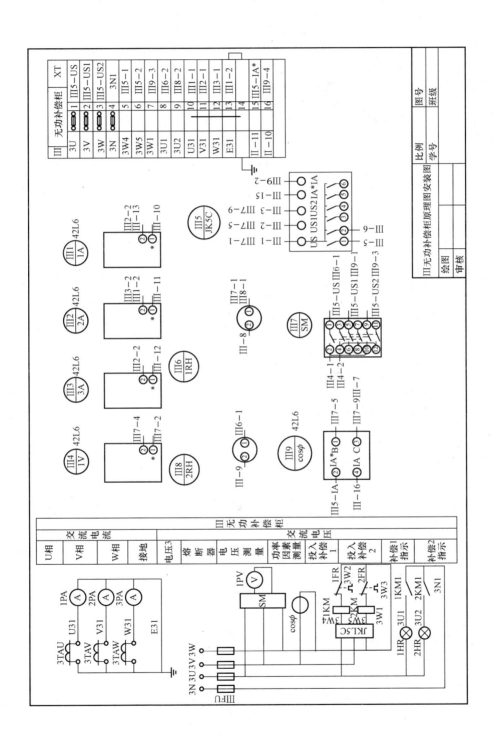

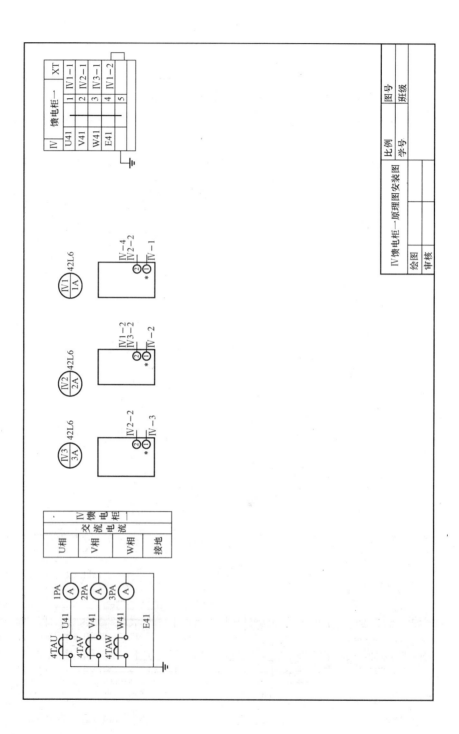

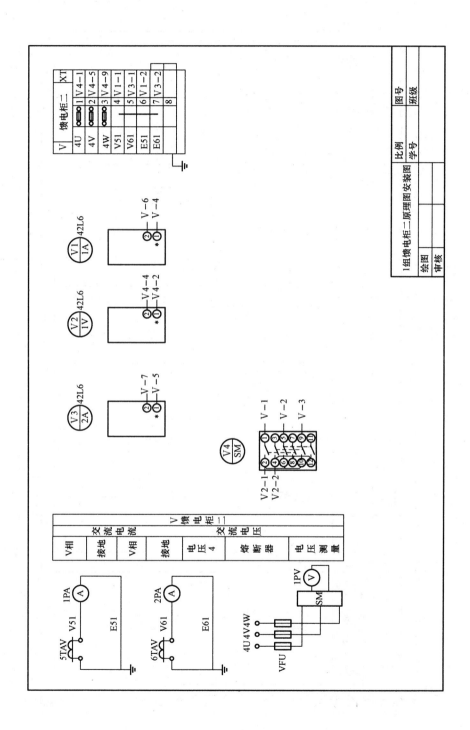

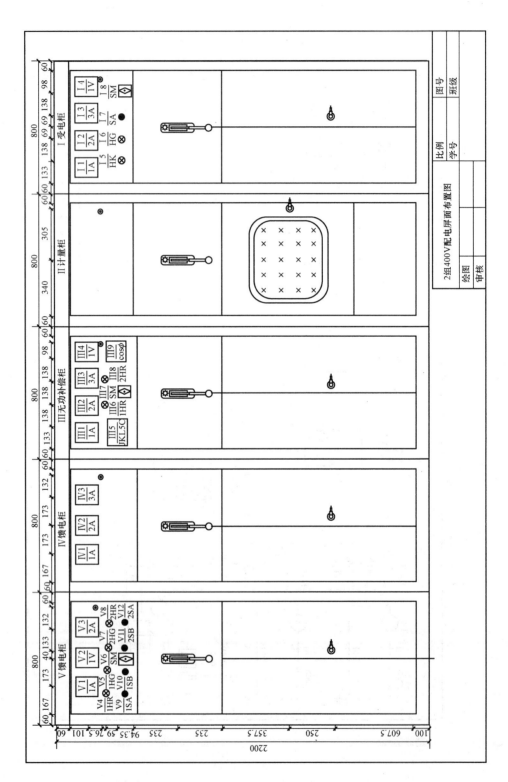

附录 B 400V 低压配电柜完整图纸（二）

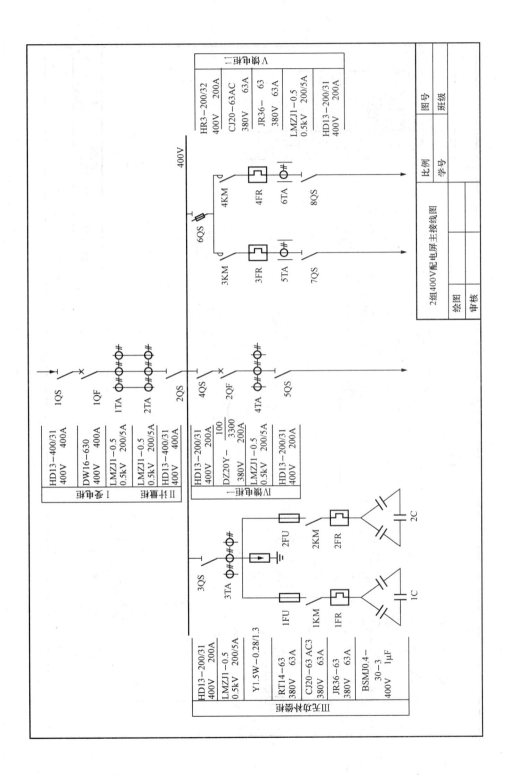

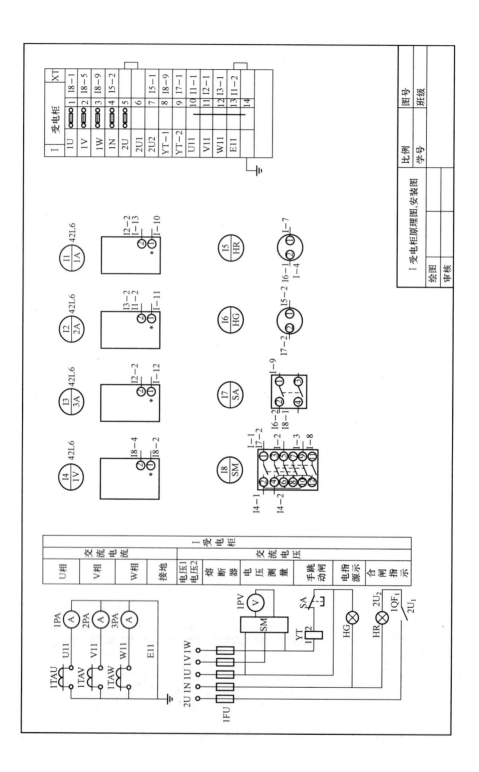

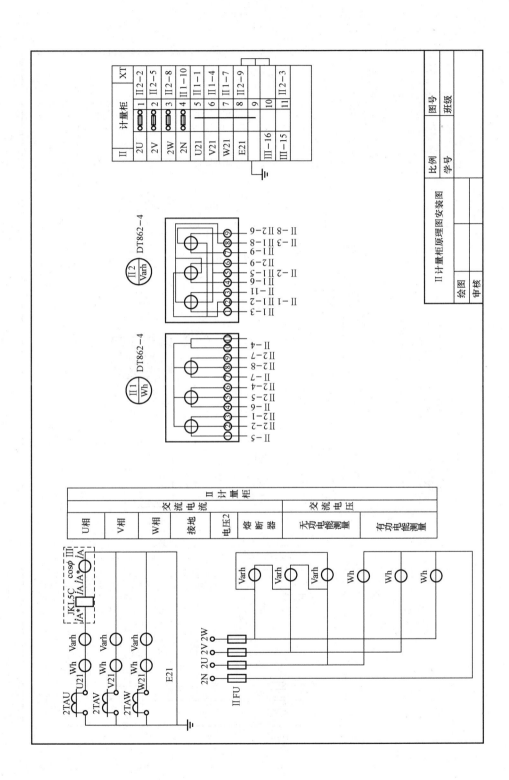

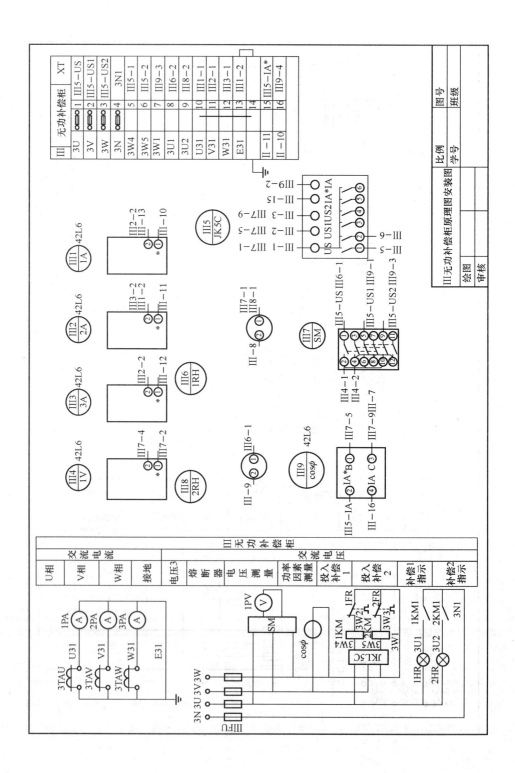

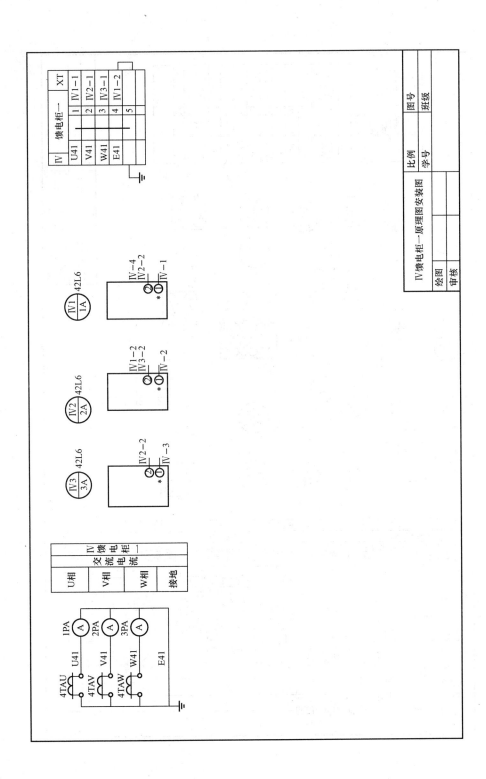

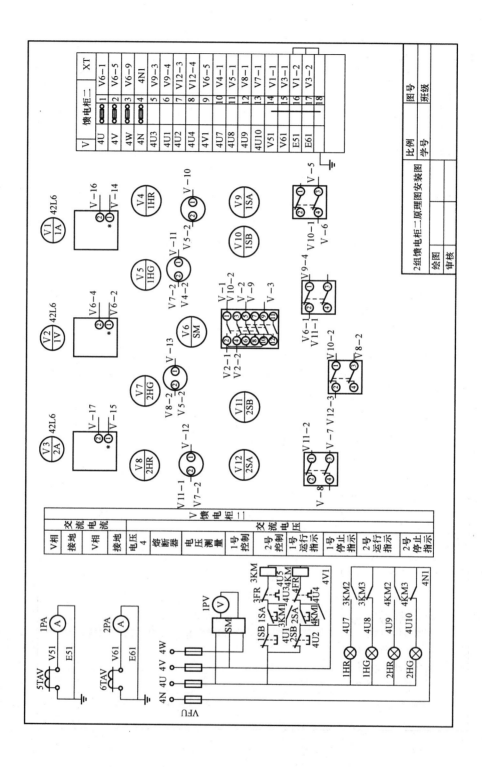

附录 C 低压配电柜完整图纸

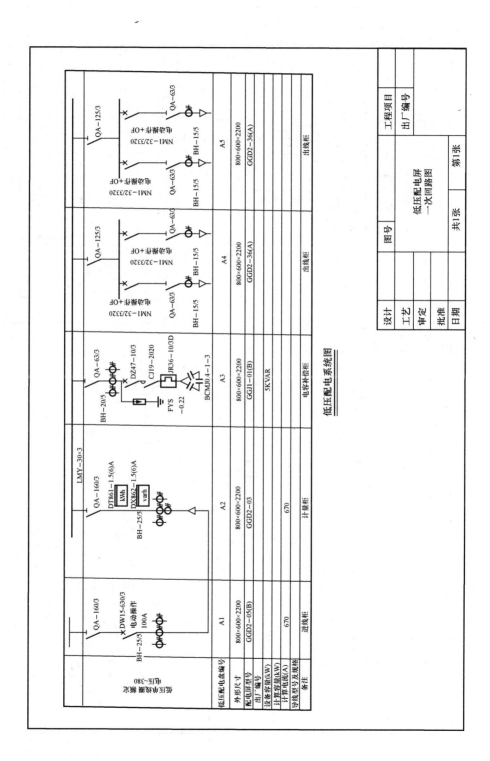

低压配电系统图

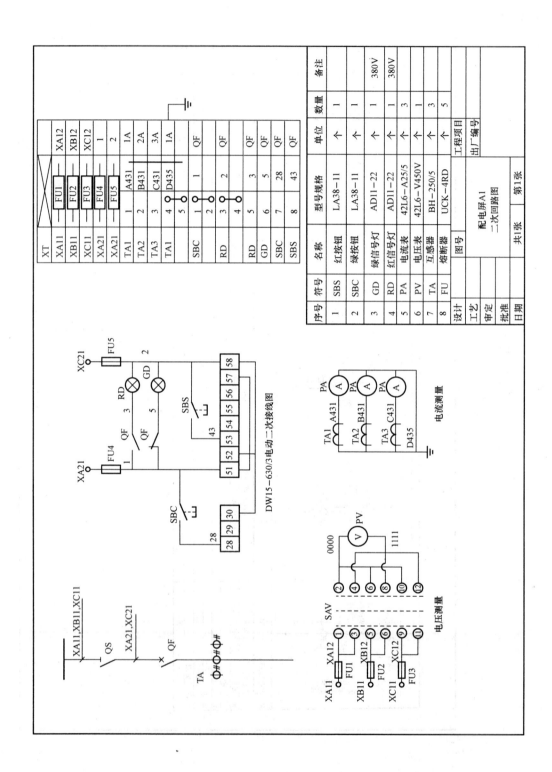

序号	符号	名称	型号规格	单位	数量	备注
1	SBS	红按钮	LA38-11	个	1	
2	SBC	绿按钮	LA38-11	个	1	
3	GD	绿信号灯	AD11-22	个	1	380V
4	RD	红信号灯	AD11-22	个	1	380V
5	PA	电流表	42L6-A25/5	个	3	
6	PV	电压表	42L6-V450V	个	1	
7	TA	互感器	BH-250/5	个	3	
8	FU	熔断器	UCK-4RD	个	5	

工程项目
出厂编号

图号　配电屏A1　二次回路图

共1张　第1张

设计　工艺　审定　批准　日期

DW15-630/3电动二次接线图

电流测量

电压测量

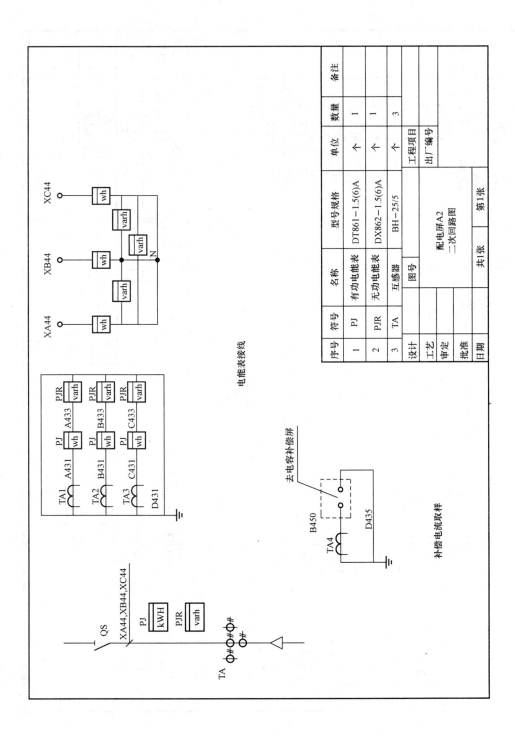

电能表接线

补偿电流取样

序号	符号	名称	型号规格	单位	数量	备注
1	PJ	有功电能表	DT861-1.5(6)A	个	1	
2	PJR	无功电能表	DX862-1.5(6)A	个	1	
3	TA	互感器	BH-25/5	个	3	
图号				工程项目		
				出厂编号		
设计			配电屏A2			
工艺			二次回路图			
审定						
批准			共1张	第1张		
日期						

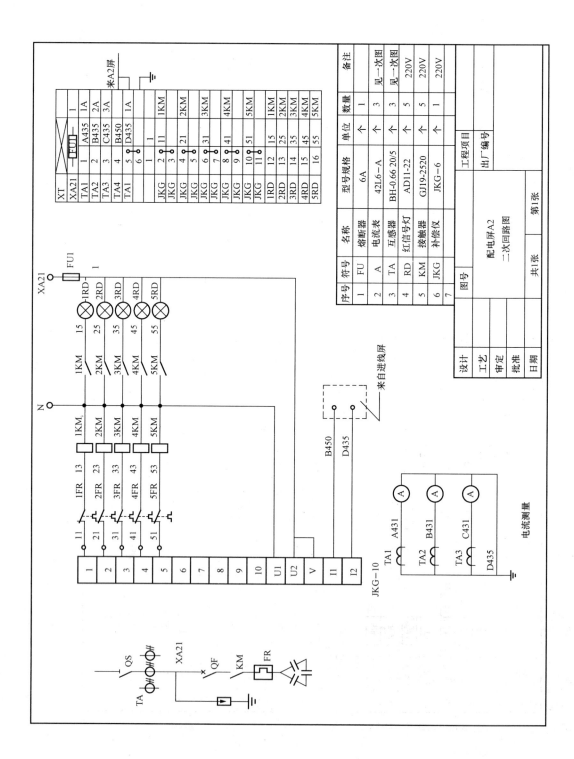

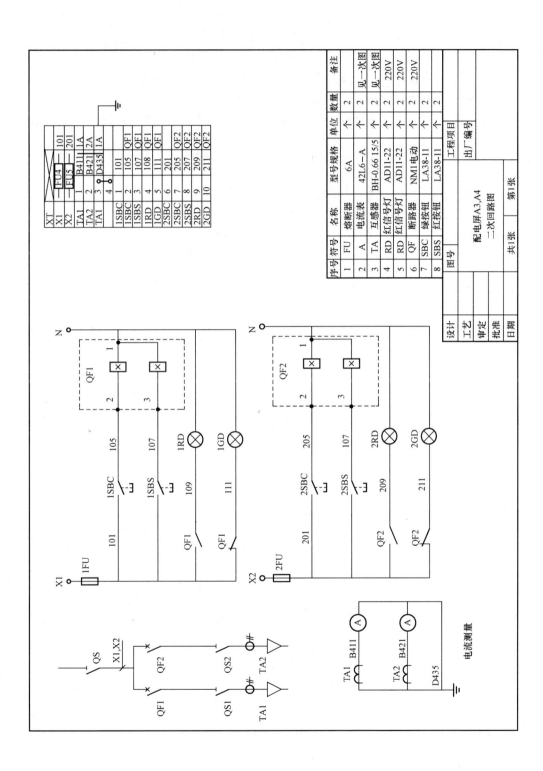

序号	符号	名称	型号规格	单位	数量	备注
1	FU	熔断器	6A	个	2	见一次图
2	A	电流表	42L6—A	个	2	见一次图
3	TA	互感器	BH-0.66 15/5	个	2	
4	RD	红信号灯	AD11-22	个	2	220V
5	RD	红信号灯	AD11-22	个	2	220V
6	QF	断路器	NM1电动	个	2	220V
7	SBC	绿接钮	LA38-11	个	2	
8	SBS	红按钮	LA38-11	个	2	

图号			配电屏A3,A4 二次回路图		工程项目		
			共1张　　第1张		出厂编号		

设计
工艺
审定
批准
日期

电流测量

参 考 文 献

［1］房金菁，高学民. 设备电气控制系统的设计与装调研究. 天津：天津大学出版社，2009.

［2］宋健雄. 低压电气设备运行与维修. 北京：高等教育出版社，2007.

［3］国家电力监管委员会/电力业务资质管理中心编写组. 电工进网作业许可考试参考教材——低压类实操部分. 北京：中国财政经济出版社，2012.

［4］国家电力监管委员会/电力业务资质管理中心编写组. 电工进网作业许可考试参考教材——高压类实操部分. 北京：中国财政经济出版社，2012.

［5］文锋. 电气二次接线识图. 北京：中国电力出版社，2000.

［6］赵军红. 变配电设备. 西安：陕西科学技术出版社，2006.

［7］阎晓霞. 变配电所二次系统. 北京：中国电力出版社，2007.

［8］段大鹏. 变配电原理、运行与检修. 北京：化学工业出版社，2004.

［9］陈家斌. 低压电器. 北京：中国电力出版社，2002.

［10］佟为明. 低压电器继电器及其控制系统. 哈尔滨：哈尔滨工业大学出版社，2000.